新手学电脑
从入门到精通

郭绍义
王凤英
著

天津出版传媒集团

天津科学技术出版社

图书在版编目（CIP）数据

新手学电脑从入门到精通 / 王凤英，郭绍义著. --
天津：天津科学技术出版社，2021.8（2023.2重印）
ISBN 978-7-5576-9559-0

Ⅰ．①新… Ⅱ．①王… ②郭… Ⅲ．①电子计算机-
基本知识 Ⅳ．①TP3

中国版本图书馆CIP数据核字(2021)第142835号

新手学电脑从入门到精通
XINSHOU XUE DIANNAO CONG RUMEN DAO JINGTONG

责任编辑：刘　磊

出　　版：天津出版传媒集团
　　　　　天津科学技术出版社

地　　址：天津市西康路35号

邮　　编：300051

电　　话：（022）23332695

发　　行：新华书店经销

印　　刷：唐山市铭诚印刷有限公司

开本 787×1092　　1/16　　印张 14　　字数 350 000
2023年2月第1版第2次印刷
定价：48.00元

前言

PREFACE

本书为广大电脑初学者及入门者撰写，内容紧跟新技术的步伐，将实用性作为首要考虑因素。读者无论是否从事计算机相关专业，是否使用过电脑，通过学习本书，都能轻松上手，解决生活中常见的电脑问题，甚至能成为电脑高手。

本书共分为十七章。第一章带领读者熟悉电脑；第二章到第六章讲解对Windows10系统提供的应用和便捷功能；第七章介绍了现代生活中常用的新科技设备与电脑配套使用的方法；第八章到第十一章为读者的办公和学习生活准备了四大必备工具；第十二章介绍了网络基本术语、网络的连接方法、多种浏览器应用方面的特色，以及网络资源的搜索及保存；第十三章为读者提供了实用的使用电脑及手机进行人际交流的方法；第十四章站在读者生活的角度，从多个方面挖掘网络在生活中应用，为读者使用电脑和手机畅游网络提供指导；第十五章是本书的特色章节，为读者制作音频、视频提供了便捷的方法，非专业的读者通过学习此章，也可以成为制作音频和视频的高手；第十六章为不同需求的读者提供了基本的图形、图像处理方法，以及采用专业的图形、图像软件编辑处理照片的方法；第十七章介绍了关于电脑的一系列维护、优化、杀毒及故障处理方法，将一些较专业的问题用通俗易懂的语言呈现给读者，希望读者在使用电脑时能够得心应手。

最后，特别感谢杜利明、吕长垚、席子棋、张佳会、樊沁怿、赵晟凯、姜帆、王鹏飞、徐景琦、张凯玲、陈凯、王伟光对本书的创作和出版做出的贡献。

目 录
CONTENTS

第3章 文字输入轻松解决

第4章 文件管理——电脑的小管家

第 10 章 利用 PowerPoint 2019 制作演示文稿

第 11 章 使用 Visio 2019 绘制流程图

第 15 章　轻松录制和制作音频、视频

第 16 章　照片及图形 / 图像的特效制作

第17章 电脑的维护及安全防范

第1章 | 从认识电脑开始

1.1 电脑分类

20世纪70年代以来，随着数字科技的不断创新，电子计算机逐渐成为发送与接收、删除与储存信息的重要工具，代替人们从事烦琐的日常工作。电子计算机也叫电脑，是一种现代化的电子设备，它根据程序运行，自动分析、处理数据，是人们在学习、工作以及生活中必不可少的工具之一。目前，日常生活中常用的电脑主要有五种，即台式机、笔记本电脑、一体式电脑、平板电脑和智能手机。除此之外，智能家居、可穿戴设备也逐渐进入人们的视野。

1.1.1 台式机

台式机，是一种独立相分离的计算机。与笔记本电脑和平板电脑相比，它的缺点是体积较大、较为笨重；它的优点是机箱空间大，有良好的散热性等。台式机的主机和显示器及其他的设备是相对独立的存在。一般情况下，台式机需放置在特定的、专门的工作台或办公桌上，见图1-1。台式机也被称为桌面计算机，被广泛用于办公或家庭生活。

1.1.2 笔记本电脑

笔记本电脑，因其方便携带和使用的特点也被叫作"便携式电脑""手提电脑"，如图1-2所示。笔记本电脑在结构组成方面和台式机相似，也由显示器、CPU、硬盘等构成，但更为轻薄。笔记本电脑相较于台式机最显著的特点就是机身小巧、不笨重，而且随着电子科技的不断发展，功能也越来越完善。

图1-1 台式机

图1-2 笔记本电脑

总体来看，笔记本电脑的机身轻便，应用性能毋庸置疑。在商务办公、娱乐、运算操作等方面，笔记本电脑都可以完全胜任。相较于同等价位的台式机，其运行速度略慢一些，但随着电子科技的不断发展，笔记本电脑与台式机的差距会不断缩小。

1.1.3 一体式电脑

一体式电脑又称一体式台式机，是将主机部分、显示器部分及其他外围设备整合到一起的新式电脑，如图1-3所示。相较于传统台式机，一体台式机的机身更加轻便小巧，解决了主机与显示器脱离带来的不便、烦琐的连线等问题，逐渐成为市场新宠。

图1-3　一体式电脑

电脑已经成为人们日常生活中不可或缺的工具，越来越多的家庭开始增加电脑的购买数量，以保证不同的需求。这时，一体式电脑时尚的外观、占用空间较小等优势受到了用户的青睐，成为很多新潮家庭的首选。

1.1.4 平板电脑

平板电脑，是一种相对笔记本电脑更加小巧、更加便于携带的电脑，也因这一特点，又被称为便携式电脑，如图1-4所示。平板电脑比笔记本电脑更加小巧精致，用户可以随身携带，随时随地使用。平板电脑具有触摸屏和手写输入功能，并且有与其型号相匹配的手写输入笔，让使用变得更加方便。但其缺点就是相较于台式机和笔记本电脑，还有很多不具备的功能。尽管如此，平板电脑仍然是个人计算机（Personal Computer，简称"PC"）家族中极受用户欢迎的一员，在PC市场是炙手可热的产品。

图1-4　平板电脑

1.1.5 智能手机

智能手机（如图1-5所示）也可以理解为掌上电脑的衍生物，是厂商将电脑系统移植到手机中，将电脑的部分功能通过手机实现的科技产物；换句话说，就是传统手机的功能，结合电脑的各方面功能，从而生产出的更加综合性的电子设备。智能手机拥有独立的操作系统和存储空间，相较于电脑，智能手机又兼具通信功能，以通信功能为核心。如今，智能手机已经成为最大众化的个人电脑。

图1-5　智能手机

1.1.6 可穿戴设备

智能手环、智能手表等可穿戴设备与智能家居同属于电脑的范畴，可以像电脑一样智能。以下是对可穿戴设备、智能家居与VR设备的简单介绍。

1. 可穿戴设备

可穿戴设备是一种便携式设备，可以直接穿在身上，或者整合到用户的衣服或配件中，具备计算功能，且可以与各类终端（如手机）相连接，如智能手环、智能手表、谷歌眼镜等，如图1-6所示。智能手环可以帮助用户记录运动、睡眠等数据，甚至可以帮助用户监测脉搏与心跳，并将数据同步至手机等终端，对监督、指导人们健康生活有很大的帮助。

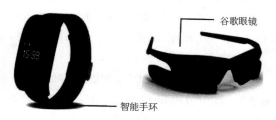

图1-6　可穿戴设备

2. 智能家居

智能家居是将各种家用设备，如智能插座（如图1-7所示）、窗帘、灯光、空调等，通过互联网技术连接到一起进行控制，通过远程控制，即使用户不在家，也可以实现对家中设备进行开关调试等，为生活提供了极大的便利。

智能家居是在传统居住功能的基础上，进一步实现了家电、通信的自动化，将家居设备与互联网共联，让用户只通过一部手机就可以随时随地地控制电视与空调的开与关、窗帘的打开与闭合、灯光的颜色，等等。

3. VR设备

VR（Virtual Reality，译为虚拟现实）技术在人工智能的高速普及下，已经渗入人们生活的各个方面，包括娱乐、医疗等。其原理是利用计算机图形系统，与现实世界的控制端口相结合，再利用计算机呈现出三维的、沉浸其中的视觉画面。市场上的VR设备可以大致分为头戴式一体机设备（接入PC端）、VR眼镜（终端可以是手机，如图1-8所示）、VR一体机（主机与显示屏一体）三类。随着VR技术的发展，虚拟现实将会作为一种新平台，不断扩大市场。

图1-7　智能插座

图1-8　VR眼镜

1.2　电脑的常见配件

通常情况下，电脑的常见配件有CPU、硬盘、主板、内存、声卡、显卡、显示器、键盘、鼠标等，以及根据用户自身需要而配置的话筒、音响、打印机、扫描仪等。本节主要向大家介绍一些常见的电脑配件。

1.2.1　CPU

CPU，即中央处理器，是计算机的核心配件，也是计算机系统的运算和控制中心。CPU将运算器和控制器集成在同一芯片上，用于读取指令，并对读取到的指令进行译码及解释，读取计算机软件中的数据并进行数据处理。CPU是计算机非常重要的配件之一，CPU的不同型号决定了计算机的性能优越性及档次。

图1-9　英特尔4004

可以把CPU看作是一个规模较大的集成电路，核心组成为运算器和控制器，能够实现寄存控制、逻辑运算等多项功能及其扩散功能，为提升计算机的性能奠定了良好基础。无论是最初的数学计算，还是如今的通用计算，从最初的4位、8位，到后来的64位处理器，CPU一直以高速的方式不断发展。目前，市场上的CPU主要是由美国的英特尔（Intel）公司和超微半导体（AMD）公司生产的，如图1-9和图1-10所示。

图1-10　AMD处理器

1.2.2 主板与内存

1. 主板

主板（Motherboard）又称主机板、母板、底板等，图1-11就是一个主板的外观。主板作为主电路板，是显卡、处理器、硬盘等计算机各类设备的结合点，几乎将所有的计算机部件连接了起来。

> 芯片组是主板上最重要的构成组件，几乎决定了主板的功能。芯片组为主板提供了一个通用平台，让不同的设备进行连接并进行沟通。扩展插槽是位于主板上的一种插槽，有时也称之为扩充槽，是主板上非常重要的一个组成部分，其种类和数量决定了主板的优越性。

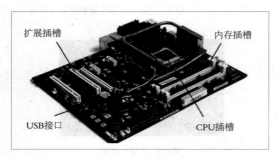

图1-11　主板

2. 内存

内存（内存储器，也称主存储器）是计算机的重要部件之一，用于暂时存放当前正在执行的程序和数据以及与硬盘等外部存储器交换的数据，是外存与CPU进行沟通的桥梁，如图1-12所示。决定电脑整体性能的重要因素便是内存的容量与性能。内存的大小直接影响电脑运行的快慢，也就是说，假设一台电脑内存很小，即使其硬盘容量很大，那么运行速度也不会太快。

图1-12　内存储器

1.2.3 硬盘

硬盘（Hard Disk Drive）是计算机主要的外部存储设备，安装于机箱内部，用于存储电脑的操作系统和用户数据。硬盘中存储着保障计算机可以正常运行的大部分软件。硬盘有机械硬盘（HDD）和固态硬盘之分（SSD）。下面分别进行介绍。

1. 机械硬盘

机械硬盘，简称"HDD"，即通常所说的传统普通硬盘，如图1-13所示。其主要由盘片、磁头、盘片转轴及控制电机、磁头控制器、数据转换器、接口、缓存等几个部分组成。机械硬盘中所有的盘片都装在一个旋转轴上，每张盘片之间是平行的。在每个盘片的存储面上有一个磁头，磁头与盘片距离极近，所有的磁头连在一个磁头控制器上。磁头控制器负责各个磁头的运动。

2. 固态硬盘

固态硬盘，简称"SSD"，是硬盘的一种，可以定义为被永久性的、密封的固定在驱动器中的硬盘。是用固态电子存储芯片阵列制成的硬盘，由控制单元和存储单元两部分组成；另一种说法是采用闪存作为存储介质，因此也称其为基于闪存类的固态硬盘。如图1-14所示。用户可以依据个人需要移动固态硬盘，且其数据保护脱离电源的控制，因此使用起来较为便利。

图1-13　机械硬盘　　　　图1-14　固态硬盘

3. 机械硬盘与固态硬盘的比较

从外形上看，机械硬盘的体积较大，且相对寿命长，容量更大，因此一些大文件存储可以选择机械硬盘，台式电脑和笔记本电脑使用的也大多是机械硬盘。固态硬盘相较于机械硬盘来说，具有快速读写、功耗低、体积小等优点，其内部都是使用闪存颗粒的芯片，能够极大降低数据丢失的可能性，因此固态硬盘的应用十分广泛，更加受业内人士的青睐，但其价格也相对昂贵，成本较高。

1.2.4 显卡与声卡

1. 显卡

显卡也称为图形加速卡，是电脑最基本的部件之一，用来连接显示器和计算机主板，如图1-15所示。其主要用途为将由主机输出的数字信号转化为模拟信号，并向显示器提供扫描信号，使显示器能够正确显示。显卡主要组成部分有显卡主板、显示芯片、显示存储器、散热器等。

根据形态可以将显卡分为独立显卡和集成显卡。集成显卡集成在CPU中，与CPU共享内存，功耗低、发热小，但不能升级。独立显卡的优点在于无须占用系统内存，但需要插在PCI-E接口上，效果与性能更佳。

对于喜欢玩游戏和从事专业图形设计的人来说，好的显卡可以带来更高的分辨率和更多的帧数，使画面更加流畅。当前，主流显卡的显示芯片主要由NVIDIA（英伟达）和AMD（超威半导体）两大厂商制造。

2. 声卡

声卡作为多媒体技术的重要配置，主要功能是实现声波与数字信号之间的转换。声卡对来自话筒、磁带、光盘的原始声音信号进行数据处理，送往混音器放大，再将其输出到扬声器、音箱等设备，如图1-16所示。目前，声卡按照接口类型的不同可以分为板卡式、集成式和外置式三种，接口的类型不同，提供给用户的功能也不同。

图1-15 显卡   图1-16 声卡

1.2.5 显示器

显示器属于电脑的输入、输出设备，是一种显示工具，它将一定的电子文件通过特定的传输设备显示到屏幕上再反射到人眼。电脑显示器就是常说的电脑屏幕，如图1-17所示。电脑操作的文本、图像、程序以及电脑的一系列操作状态都在显示器上显示给用户。

图1-17 电脑显示器

当前，显示器的类型可分为三种：CTR显示器、LCD显示器、LED显示器。台式机采用的显示器一般为CRT显示器和LCD液晶显示器。LCD显示器具有机身薄、占地小、辐射小的优点，为用户所喜爱。

1.2.6 打印机

打印机是计算机的输出设备之一，将计算机的处理结果以人所能识别的数字、字母、图形等，按照规定的格式打印出来，通过具体介质呈现给用户。打印机的特征包括分辨率（每英寸的点数）、速度（每分钟打印的页数）、颜色（彩色或黑白）和内存（影响文件打印的速度）等。以工作方式为划分标准，打印机分为针式、喷墨式、激光式三种类型。

图1-18 喷墨式打印机

针式打印机在很长的一段时间里占领着市场，但由于其打印质量较低、噪声较大，应用范围已大不如前。喷墨式打印机的优点在于打印效果较好，对纸张的处理方式灵活，而且价格适中，因此很受中低端市场的欢迎。不仅如此，彩色喷墨式打印机还可以用于纸张、胶片、信封等多种介质。图1-18所示为喷墨式打印机。激光式打印机作为高科技发展的新产物，提供了更高质量、更快速、更低成本的打印方式，随着打印机的不断发展，很有可能代替喷墨式打印机，占领新的市场。

1.2.7 扫描仪

扫描仪是电脑的主要输入设备之一。与打印机的作用恰恰相反，扫描仪的作用是利用光电技术和数字处理技术，通过扫描方式提取包括照片、文本、图纸，甚至纺织品在内的介质的信息，再将其输入电脑中。扫描仪是很多用户办公必不可少的外部设备。扫描仪作为输入设备，与打印机和调制解调器配合具有复印和发传真功能。

图1-19　平板式扫描仪

目前，市面上的扫描仪种类很多，包括平板式扫描仪、滚筒式扫描仪、胶片扫描仪等。用户在选择扫描仪时，可以着重比较其光学分辨率、色彩位数、扫描方式、接口类型等技术指标。图1-19所示为平板式扫描仪。

1.3 电脑的常见软件

软件系统是指安装或存储在电脑中程序的总称，和硬件系统共同组成了电脑系统，是电脑系统的另一个重要组成部分。计算机软件是用户与计算机之间进行沟通的桥梁。本节将分别对操作系统、驱动软件、应用软件作基本的阐释与介绍。

1.3.1 操作系统

1. 操作系统的分类

根据用途进行分类，电脑的操作系统可划分为四种：实时操作系统、分时操作系统、批处理操作系统、网络操作系统。

2. 操作系统的功能

（1）存储器管理的任务是分配和回收存储空间，以主存作为负责对象，对其进行扩充及保护，以提高利用率。

（2）作业管理负责对用户提出的各种需求进行处理。

（3）设备管理负责设备分配，控制设备传输等。

（4）文件管理负责文件保护，同时管理文件存储空间。

（5）进程管理负责解决处理器的调度、分配和回收等问题。

3. 操作系统的应用

目前，常用的操作系统主要有Windows系列、

Linux系列、Unix系列等，其中，应用较为广泛的有Windows 7、Windows 10等操作系统。

1.3.2 驱动软件

计算机与设备的通信由驱动软件负责，操作系统以此为接口，保障硬件设备正常工作。驱动程序非常重要，可以说缺少驱动程序，操作系统是不能发挥特有功能的。

1. 驱动程序的界定

通常情况下，驱动程序可以分为官方正式版、微软WHQL认证版、第三方驱动、发烧友修改版、测试版。

（1）官方正式版驱动，是由官方渠道发布的，按照一定标准研发出来的正式版驱动。

（2）微软WHQL认证版驱动是通过WHQL认证，测试驱动程序是否与操作系统兼容的认证版驱动。

（3）第三方驱动相较于官方正式版驱动更加稳定，且有更好的兼容性。

（4）"发烧友"通常指游戏爱好者。发烧友修改版驱动最先出现在显卡驱动上，是指经修改过的驱动程序，而又不专指经修改过的驱动程序。

（5）测试版驱动是指处于测试阶段，还没有正式发布的驱动程序，稳定性有欠缺，与系统的兼容性也不足。

2. 驱动程序的获取

（1）配套安装。我们在购买硬件设备时都会有配套光盘或者软盘，这些盘中就有该硬件设备的驱动程序。

（2）操作系统自动提供。Windows操作系统附带了大量的通用的驱动程序，但操作系统中的驱动程序有限，不足以满足用户的各种需求。

（3）网络下载。用户可以直接通过专门下载驱动的网站下载驱动程序。

1.3.3 应用软件

软件系统是安装或存储在电脑中程序的总称，是用户利用电脑及电脑提供的程序解决某类问题而设计的程序集合，也是用户可以使用各种程序设计语言以及用各种程序设计语言编制的应用程序的集合。应用软件可以分为以下四类。

（1）文字处理类：具有文本编辑、文字处理、桌面排版等功能的软件，常用的有WPS、Word等。

（2）信息通信类：具有网络通信、远程计算、浏览等功能。

（3）图像处理类：具有图像处理、图形绘制、图像编辑等功能。

（4）简报制作类：具有制作幻灯片、工作总结及会议报告等功能。

1.3.4 Windows操作系统

Windows操作系统是美国微软公司研发的一套操作系统，拥有大量的应用软件，极大地满足了用户的不同需求，在个人计算机领域普及度极高，应用极为广泛。Windows操作系统紧跟时代的发展，不断升级，系统版本从最初的 Windows 1.0到如今的Windows 10，不断更新换代。

（1）Windows XP操作系统。Windows XP操作系统是基于Windows 2000代码的产品，整合了防火墙，较之前版本有了更好的兼容性和安全性。Windows XP是个人计算机的一个重要里程碑，集成了数码媒体、远程网络等最新的技术规范，给用户带来了良好的视觉感受，Windows XP产品功能几乎包含了所有计算机领域的需求。图1-20所示为Windows XP操作系统最基本的用户界面。

图1-20　Windows XP操作系统桌面

（2）Windows 8操作系统。Windows 8操作系统是微软公司2012年发布的新版本，新版本改动幅度极大，采用全新的Metro风格用户界面，将各种应用程序、快捷方式等以动态方块的样式呈现在屏幕上，如图1-21所示。除此之外，用户还可以根据自己的需求和习惯将自己常用的浏览器、游戏或社交软件等放进去。总之，Windows 8操作系统是具有重要意义的一个版本，Windows 8系统开始向包括平板电脑、PC在内的更多平台迈进。

图1-21　Windows 8操作系统开始菜单

（3）Windows 10操作系统。Windows 10操作系统覆盖了更多的平台，采用全新的开始菜单，并且可以进行全局搜索，如图1-22所示。Windows 10操作系统拥有虚拟窗口，当用户需要多个窗口时，就可以利用虚拟桌面，在不同的桌面之间随意切换。Windows 10操作系统还改进了任务切换器，用户可以通过大尺寸缩略图预览应用，更加清晰明了。

图1-22　Windows 10操作系统开始菜单

1.3.5　常用的驱动软件——驱动精灵

驱动精灵是当下最流行的驱动软件之一，是集驱动管理、硬件检测、垃圾清理、系统优化、诊断修复为

一体的驱动软件，如图1-23所示。驱动精灵是一款专业级的驱动管理工具和系统维护工具，可以为用户实现驱动备份、更新与恢复等多种功能，并且拥有多国语言环境。

图1-23　驱动精灵主页面

驱动精灵的主要功能有以下几点。

（1）应用程序升级功能。为应用程序提供补丁包。

（2）软件管理功能。匹配相应驱动程序并提供快速的下载与安装。

（3）驱动备份功能。备份硬件驱动，必要时提供驱动程序还原功能。

1.3.6　音乐软件——酷狗音乐

酷狗音乐是非常流行的一款音乐播放软件，拥有丰富的乐库，包括华语歌曲、欧美歌曲、日韩歌曲等多种曲风的音乐，支持高音质音乐文件共享下载，可以播放歌曲MV，如图1-24所示。不仅如此，不同用户之间还可以互相分享音乐、图片、影片，支持铃声制作、MP3格式转换等多种功能。

图1-24　酷狗音乐页面

1.3.7　办公软件——WPS Office

WPS Office具有建立文本文档、幻灯片演示、PDF编

辑等多种功能，是用户进行演示、报告总结等常用的办公软件，如图1-25所示。WPS Office拥有在线模板，用户在使用

其制作各类文件时可以在线上搜索到多种风格的模板，无论是商业的简约风抑或校园的清新风，在WPS Office的稻壳模板中应有尽有，极大方便了用户。除此之外，WPS Office拥有云存储功能，用户可以使用不同设备登录同一账号进行数据同步，因此，从某种意义上也给用户节约了内存并进行了数据备份。WPS Office占用内存少、运行速度快，且具有强大的插件支持平台，是时下最流行的办公软件之一。

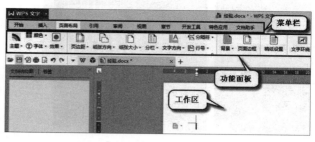

图1-25　WPS Office

1.3.8 杀毒软件——360安全卫士

360安全卫士是奇虎360公司推出的一款杀毒软件，如图1-26所示，可以帮助用户实时监控电脑安全，拦截木马，保护用户隐私，极受用户欢迎。

360安全卫士的主要功能有以下几种。

（1）电脑体检：对电脑实行全面检查。

（2）木马查杀：查杀木马，安全杀毒。

（3）电脑清理：清理无用插件及电脑垃圾。

（4）系统修复：漏洞修复与常规修复。

（5）软件管家：安全下载用户需要的软件和工具。

（6）优化加速：整理磁盘碎片，加快电脑开机速度。

图1-26　360安全卫士

1.4 正确使用电脑

如今，电脑已经渗透到人们的工作、学习、生活等各个方面，无论家用还是办公，都缺少不了这一重要工具。因此，我们更应该学会正确使用电脑。本节将具体介绍使用电脑最基本的事项。

1.4.1 连接电脑

电脑的外部设备是通过线缆连接起来的。一台机器能够正常运作，往往需要正确连接主机与显示器、键盘、鼠标、电源以及其他外部设备。在进行连接之前，首先一定要切断给电脑供电的电源，再按照一定的顺序进行连接。以下是连接电脑的实例。

1. 连接主机与显示器

准备一根VGA线，在主机和显示器的背面找到接口，将线的一端接在显示器的后面，另一端接在主机的后面，如图1-27所示。

（a） （b）

图1-27 连接主机与显示器

2. 连接键盘与鼠标

在主机后面有一个紫色和绿色的圆形接口，分别为键盘和鼠标接口，如图1-28所示。键盘的接口通常在机箱的外侧，键盘插头上也有向上的标记，按照方向插好。鼠标接口位于键盘接口的旁边，也按照同样的方法插好即可，如图1-29所示。

图1-28 键盘与鼠标接口　　图1-29 连接键盘和鼠标

3. 连接网线

在主机后面找到网线接口，将网线一端的水晶头按照指示的方向插入网线接口，另一端接路由器即可，如图1-30所示。

4. 连接主机电源

将电源线接头插入电源接口即可，如图1-31所示。

图1-30 连接网线　　图1-31 连接主机电源

1.4.2 开启电脑

开启电脑，即打开处于关闭状态的电脑，要遵循顺序，一般是先打开显示器及其他外部设备，然后再打开主机，避免主机受到电流冲击。

（1）打开显示器。按下显示器上的电源开关，打开显示器，如图1-32所示。

（2）打开主机。找到机箱上的开机键，一般是机箱上的最大按钮，开启主机，如图1-33所示。

图1-32 打开显示器　　　图1-33 打开主机

（3）系统自检过后，显示器显示用户登录界面，此时若用户设置了密码，则输入密码，之后即可进入系统，如图1-34所示。

（4）系统成功加载后，进入系统桌面，电脑启动完成，如图1-35所示。

图1-34 用户登录

图1-35 Windows 10操作系统桌面

1.4.3 关闭电脑

关闭电脑，即将处于运行状态的电脑以正确的方式关闭，电脑关机的顺序与开机的顺序相反，即先关闭主机，再关闭显示器及其他外部设备。错误的关机方法会导致电脑软件系统出错，甚至硬盘受损，让电脑无法正常启动。常见的错误操作有：直接拔掉插座，切断主机供电等。以下是正确关闭电脑步骤的演示。

1. 单击"关机"按钮

（1）在"开始"菜单中找到"电源"按钮，单击，如图1-36所示。

（2）在选项中找到"关机"选项，单击"关机"即可关闭电脑，如图1-37所示。

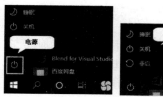

图1-36 "电源"按钮　　图1-37 "关机"选项

2. 系统自动保存

系统在接收到关机命令之后，会自动保存相关信息，若用户在关机时有软件未关闭，系统会给出相应提示。用户设置完成后，系统进入关机画面，显示器为黑屏状态，主机电源自动关闭，电脑停止工作，如图1-38所示。

图1-38 关机画面

1.4.4 重启电脑

电脑使用时间较长时，运行速度可能会变慢，或者用户安装了某程序后提示需要重启之后才能运行，此时，用户就需要重新启动电脑。重启电脑通常有以下两种方法。

方法一：操作"电源"按钮重启。

（1）在"开始"菜单中找到"电源"按钮，单击，如图1-39所示。

（2）在选项中找到"重启"选项，单击，如图1-40所示。

图1-39 "电源"按钮　　图1-40 "重启"选项

方法二：找到主机电源旁边的"RESET"按钮即可重启。

1.4.5 电脑睡眠与唤醒

电脑睡眠模式，即电脑处于待机状态。电脑进入睡眠模式可以节约电源，而且不会发生数据丢失的现象。睡眠模式可以让系统恢复工作状态，延长电脑寿命，且又为用户节省了开机时间。以下是电脑睡眠模式的实际操作。

1. 睡眠模式

（1）在"开始"菜单中找到"电源"按钮，单击"电源"按钮，在上一部分学习电脑开启与关闭的时候已经演示过，这里不再重复，可以参见图1-39所示。

（2）在选项中找到"睡眠"选项，单机"睡眠"，如图1-41所示。

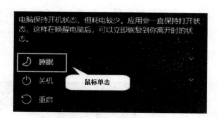

图1-41 "睡眠"选项

2. 唤醒电脑

（1）用户可以用以下方法唤醒电脑。按键盘任意键或移动鼠标，若用户设置了密码，则需要再次输入密码，电脑即会被唤醒，并恢复至睡眠前的状态。

（2）若上述方法没有唤醒电脑，电脑可能进入休眠模式，则需要按下主机电源开关，即可唤醒电脑。

1.4.6 注销用户和切换用户

1. 注销用户

注销用户是清除当前登录的用户。以下是注销用户的操作。

（1）单击桌面左下角的"开始"菜单，如图1-42所示。

（2）单击当前用户头像（用户名），如图1-43所示。

（3）在弹出的菜单中单击"注销"命令，就会进入用户选择页面，如图1-44所示。

图1-42 "开始"菜单　图1-43 用户名　图1-44 "注销"命令

2. 切换用户

切换用户是指系统的当前账户退出，切换为其他账户。切换账户的前提是系统必需拥有两个或两个以上用户，若系统只有一个账户，则用户可以创建一个新的用户，以满足用户的不同需求。创建新用户的方法如下：

在桌面上找到"此电脑"图标，单击鼠标右键，在弹出的选项中单击"管理"命令，如图1-45所示。

单击"管理"命令后，会进入一个新的菜单页面，在新页面上选择"本地用户和组"，右侧即出现一个菜单栏，如图1-46所示。

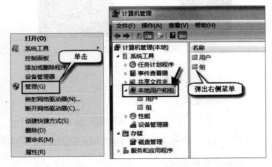

图1-45 单击"管理"命令　图1-46 单击"本地用户和组"

在弹出的新页面上可以看到两个选项，鼠标右键单击"新用户"，选择"创建新用户"，如图1-47所示。

图1-47 单击"新用户"

在创建新用户的时候，用户需要设置新的用户名和密码，输入相应的信息后单击右下角的"创建"，就创建了新的用户，图1-48为创建新用户的界面。

图1-48 创建新用户

创建新用户之后，用户若想切换成新的用户，则可在"开始"菜单中单击当前用户头像（用户名），如图1-49所示。系统进入开机时的登录界面，此时用户会发现左下角显示为两个用户名，即可选择切换到新创建的用户。登录新用户以后，系统不会清空原用户的缓存空间，并且会自动将原用户中启动的程序转入后台运行。

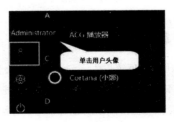

图1-49 切换新用户

1.5 鼠标和键盘的认识与操作

鼠标和键盘是电脑必不可少的外部设备。熟悉鼠标和键盘各部分的功能，如鼠标的左/右按键、鼠标的滚轴、键盘上各个分区的功能等，能让用户在操作电脑时更加灵活和方便。可以说，掌握鼠标和键盘的搭配使用，是每个用户都需要具备的技能。本节将从四个方面分别介绍二者的操作及功能，希望能给读者带来新的认识。

1.5.1 鼠标的外观与分类

鼠标是电脑的重要外部设备之一，用户购买鼠标时往往会认真比较鼠标的外观、种类及各种性能。鼠标是用户使用电脑时不可缺少的工具，比起烦琐的键盘指令，鼠标给用户带来的是更加方便、灵活的操作。

> 如今，随着用户对鼠标性能需求的提升，鼠标已经由最原始的鼠标、机械鼠标、光电鼠标，发展到新式触控鼠标，无论是外观抑或是性能，都发生了很大的变化。

接下来，为读者介绍三种类型的鼠标外观及工作原理——机械鼠标、光电鼠标和游戏鼠标。

1. 机械鼠标

机械鼠标的底部有一个滚轮，因此也称为滚轮鼠标，如图1-50所示。机械鼠标的组成部件主要有滚球、辊柱和光栅信号传感器。用户拖动鼠标时，鼠标底部的滚球与鼠标垫产生摩擦发生转动，滚球又带动辊柱发生位移，辊柱底部装有光栅信号传感器，光栅信号传感器的作用是产生电脉冲信号，将鼠标的移动方向传递给电脑，再通过电脑程序的转换控制电脑上光标箭头的移动。

2. 光电鼠标

光电鼠标没有机械鼠标的滚球，取而代之的是其内部的发光二极管，如图1-51所示。光电鼠标内部主要由发光二极管、光学感应器、光学透镜组成，外部配备轻触式按键。与机械鼠标工作原理不同，其主要依靠鼠标内部的发光二极管发出的光线，在鼠标底部发生反射，通过光学透镜，传输给一个光感应器成像。使用光电鼠标的用户会发现，鼠标的底部在使用过程中是一直发光的。当用户移动鼠标时，鼠标内部的芯片会将用户移动鼠标的轨迹记录成一组图像，经过分析处理，传递给电脑，完成对屏幕上光标的控制。

3. 游戏鼠标

随着电竞产业的兴起，专门为游戏爱好者设计的游戏鼠标应运而生。为了满足用户在游戏中操作更灵敏、响应速度更快的需求，游戏鼠标的外形设计出色，让用户使用起来更加舒适，如图1-52所示。不仅如此，游戏鼠标往往会为用户设计更多按键，以满足用户需求，给用户带来更好的游戏体验。其多方面性能通常高于普通鼠标，因此价格相对昂贵。

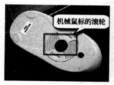
图1-50 机械鼠标

图1-51 光电鼠标

图1-52 游戏鼠标

1.5.2 ▶ 认识鼠标的指针

　　用户在使用鼠标操作电脑的时候，不同的按键或操作会使鼠标指针在电脑屏幕上呈现不同的形态。表1-1将帮助读者熟悉鼠标指针的不同状态，让用户在使用鼠标进行各种操作时可以更加灵活、应用自如。

表1-1　鼠标指针状态及作用

指针形状	含义	用途
▷	正常选择	Windows操作系统的基本指针，用于选择菜单、命令或选项等
○	忙碌状态	表示用户打开的程序未响应，需要等待
Ⅰ	文本选择	用于文字编辑区内指示当前位置
▷○	后台运行	表示打开的程序正在加载中
⊘	禁用标志	表示当前操作及状态不可用
↕ ↔	垂直和水平调整	鼠标指针移动到窗口边界，会出现双箭头，拖拽鼠标可上下或左右移动边框，改变窗口大小
⤢ ⤡	沿对角线调整	鼠标指针移动到窗口四个角时，会出现斜向双向箭头，拖拽鼠标可沿垂直或水平两个方向等比例放大或缩小窗口
✛	精准选择	用于精准调整对象
👆	链接选择	表示当前位置有超文本链接，单击鼠标左键可进入链接
✥	移动对象	用来移动选定的对象

1.5.3 ▶ 鼠标的基本操作

　　用户在使用鼠标时，应用右手握住鼠标，用大拇指和无名指夹在鼠标两侧，方便鼠标的移动；食指和中指分别置于鼠标的左、右键上。鼠标的基本操作包括指向、单击、双击、右击、拖拽等。

　　（1）指向：移动鼠标，从而控制电脑屏幕上的指针，将其置于想要操作的对象上。

　　（2）单击：点击鼠标左键，选定操作对象。图1-53所示为单击"此电脑"图标。

　　（3）双击：连续两次点击鼠标左键，可打开应用程序或窗口。如图1-54所示。

　　（4）右击：将鼠标光标移动到想要的操作对象上，单击鼠标右键

图1-53　单击操作

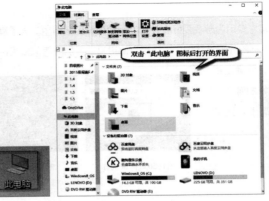

图1-54　双击操作

图1-55　右击操作

一次，如图1-55所示。

（5）拖拽：是指用户选中某操作对象后，按住鼠标左键不放，移动鼠标，直到将操作对象拖动到指定位置，释放左键，如图1-56所示。拖拽既可以移动某一文件的位置，也可以做到多个文件的迁移或复制。

图1-56　拖拽操作

1.5.4 键盘外观与分类

键盘是电脑重要的输入设备。用户可以使用键盘进行中/英文、数字及符号等的常规输入，也可以使用键盘上的快捷键对电脑进行简单操作。键盘上除用来进行文字编辑的字母、数字、符号外，还有一些特殊功能的按键，可以进行快捷截屏、调节屏幕亮度、控制系统音量，等等。

1. 键盘的分类

（1）机械键盘：采用金属接触式开关，每个按键都相对独立。在使用时，机械键盘比普通键盘节奏感强，手感更好，使用寿命更长，输入速度更快。但由于机械键盘的成本过高，且噪音较大，已经渐渐被用户淘汰。图1-57所示为一种机械键盘。

图1-57　机械键盘

（2）薄膜键盘：由于成本低、噪音小、外形美观等特点，已经渐渐成为市场的新宠。薄膜键盘应用更为广泛，特别是在笔记本电脑上的应用。薄膜键盘主要由四个部分组成：面板、上电路、隔离层和下电路。其按键较多，使用寿命没有机械键盘长。图1-58为应用在笔记本电脑上的薄膜键盘。

图1-58　薄膜键盘

2. 键盘的分区

我们现在使用的键盘主要分为五个区域：主键盘区、功能键区、编辑键区、状态指示区及辅助键区，如图1-59所示。下文将分别介绍键盘上五个分区的功能。

（1）主键盘区：占据了键盘的最大面积，此区域内除包含数字、字母等用来进行文本输入的按键，还包含"Caps Lock""Shift"等辅助键。其中，"Caps Lock"键用来切换字母大小写状态，"Shift"键用来进行每个键位数字与符号间的转换，"Ctrl"键与其他键搭配使用可以实现某程序的定义功能，"Enter"键即我们常说的"回车键"，在文字输入时会经常用到。

（2）功能键区：位于键盘最上方的一些按键，其中，"Esc"键用来撤销某次操作，也可以强行退出当前环境，因此也称其为"强行退出键"；"F1"~"F12"在不同的环境条件下具备不同的功能，可视具体情况进行操作。

（3）编辑键区：主要由"上、下、左、右"四个方向键及"Insert""End"等控制键组成。

（4）状态指示区：由三个按键"Num Lock""Caps Lock""Scroll Lock"及其分别对应的指示灯组成。

（5）辅助键区：辅助键区包含的各个按键的功能都可以被其他键区的按键代替，如字符键、"回车键"等。

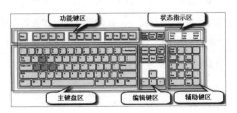

图1-59　键盘分区

第2章 | Windows 轻松上手

2.1 桌面组成介绍

Windows 10操作系统和以往的操作系统有较大的改变，该系统在操作的难度和系统的安全上进行了全方面的优化。桌面背景、桌面图标和任务栏是系统桌面的主要内容，如图2-1所示。

桌面图标主要分为系统图标、快捷方式图标和其他图标等，图标由图片和文字组成。打开图标的方式有两种：一是左键双击图标打开；二是右键单击图标，通过"打开"快捷命令打开。

任务栏主要由"开始"菜单、"搜索栏"、Cortana语音助手、"任务视图"按钮、"程序选择区"、通知区域和"显示桌面"按钮组成。

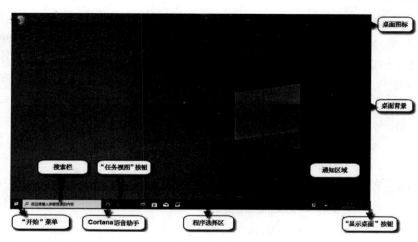

图2-1　桌面介绍

2.2 桌面图标设置

2.2.1 显示桌面图标

在Windows 10操作系统完成安装后，桌面上只有一个"回收站"系统图标，可能无法满足我们的日常需要。我们可以通过"设置"中的"桌面图标设置"使其他系统图标，如"此电脑""控制面板"出现。操作步骤如下：

（1）在桌面的空白处右击，在弹出的快捷菜单中单击"个性化"选项，如图2-2所示。

（2）在"个性化"设置窗口中，左键单击"主题"选项下的"桌面图标设置"选项，如图2-3所示。

图2-2　打开"个性化"菜单

图2-3 打开"桌面图标设置"

（3）单击"桌面图标设置"后，会弹出"桌面图标设置"对话框，勾选"计算机"选项前的复选框，选择完成后单击"确定"按钮，如图2-4所示。

（4）完成设置后，"此电脑"图标就出现了，如图2-5所示。

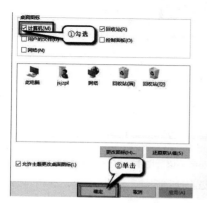

图2-4 显示"计算机"图标

图2-5 计算机图标在桌面显示

2.2.2 设置程序快捷方式

在日常的电脑操作中，为了使用方便，我们常常在桌面上创建程序快捷方式图标，在桌面就可以直接打开程序，避免了在硬盘中查找程序的不便。应用程序、文件和文件夹都可以在桌面上创建快捷方式。下面以"微信"为例，介绍如何创建桌面快捷图标。

（1）找到"微信"文件夹下的应用程序文件，如图2-6所示。

（2）右击"微信"应用程序文件，通过选择"发送到"选项下的"桌面快捷方式"创建"微信"快捷方式，如图2-7所示。

图2-6 找到微信程序

图2-7 发送微信桌面快捷方式到桌面

（3）返回桌面后，我们可以看到"微信"程序快捷方式出现在桌面上，如图2-8所示。

图2-8 微信快捷方式在桌面上显示

2.2.3 隐藏和显示桌面图标

在电脑操作中，我们可能不小心隐藏了桌面图标，但是没有办法将它找回，下面我们将介绍如何隐藏和显示桌面图标。

（1）右键单击桌面空白处，在弹出的快捷菜单中选择"查看"选项，勾选"显示桌面图标"，如图2-9所示。

（2）我们可以看到桌面图标重新出现了，如图2-10所示。

图2-9 单击勾选"显示桌面图标"

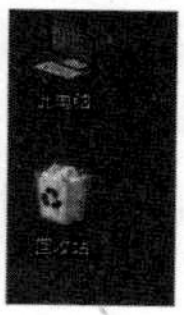

图2-10 桌面图标出现

2.3 查看电脑的基本配置

许多新用户在刚接触电脑时，想了解一下自己电脑的基本配置，却又不知道该从何下手，下面将为新用户介绍如何查看自己电脑的基本配置。

（1）右击"计算机"图标，在弹出的快捷菜单中，左键单击"属性"命令，如图2-11所示。

（2）随后会出现"系统"窗口，左键单击左列第一个"设备管理器"，如图2-12所示，会出现"设备管理器"的窗口。

（3）在"设备管理器"窗口中我们能够看到系统处理器、磁盘驱动器、显示适配器、鼠标、键盘等一些电脑的基础信息，如图2-13所示。

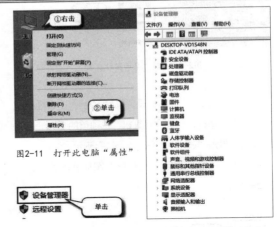

图2-11　打开此电脑"属性"

图2-12　打开此电脑"设备管理器"　图2-13　"设备管理器"窗口

2.4 任务栏的介绍

任务栏是电脑的重要组成部分，主要由"开始"菜单、"搜索栏"、Cortana语音助手、"任务视图"按钮、程序选择区、通知区域和显示桌面按钮组成。下面我们将介绍"任务栏"各组成部分的功能。

2.4.1 认识"开始"菜单

"开始"菜单键在"任务栏"的最左处，我们可以通过"开始"菜单进行改变电脑个人账户、打开设置和程序、开关机等操作，如图2-14所示。

"开始"菜单"任务栏"如图2-15所示。单击"电源"按钮可以在打开的命令菜单中选择关机、睡眠和重启操作，如图2-16所示。"设置"可以调整电脑的各项内容，"程序栏"可以快速查找电脑上的软件。

图2-14　"开始"菜单图标

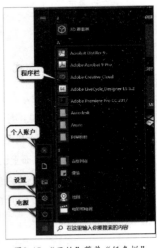

2.4.2 利用"搜索栏"查找程序和文件

图2-16　"电源"按钮　　图2-15　"开始"菜单"任务栏"

"任务栏"中的"搜索栏"可以用来搜索电脑中的程序和文件，在联网状态下可以直接进行网页搜索。下面我们将介绍如何使用"搜索栏"搜索"控制面板"。"搜索栏"如图2-17所示。

如图2-18所示，点击下方"搜索栏"，输入"控制面板"，点击搜索出的"控制面板"，就可以进入"控制面板"。

图2-17 "搜索栏"

图2-18 查找"控制面板"

2.4.3 快速进入多窗口操作

我们在使用电脑时，打开了较多窗口，可能会不方便寻找自己需要操作的窗口，这时我们可以通过进入多窗口操作寻找需要的窗口，关闭无用的窗口。

操作步骤：点击任务栏中的"任务视图"（如图2-19所示）按钮，即可快速进入多窗口操作；也可以通过使用快捷键"Windows+Tab"快速进入多窗口操作。

图2-19 "任务视图"

2.4.4 将程序固定到"任务栏"

当我们在其他窗口操作，不能直接通过桌面打开程序时，将程序直接固定在下方"程序栏"，可以直接打开程序。下面将介绍如何将"微信"程序固定到"任务栏"中。"程序选择区"如图2-20所示。

图2-20 "程序选择区"

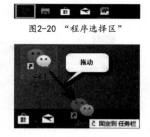

图2-21 将"微信"程序固定到"任务栏"

操作步骤：鼠标左键长按应用程序，将其拖动到下方"程序栏"，出现了"固定到任务栏"字样，松开鼠标左键，就完成了将程序固定到任务栏的操作，操作如图2-21所示。

2.4.5 通知图标的隐藏和显示

通知区域如图2-22所示。通知区域显示的内容有限，大部分的通知图标都被隐藏起来了，我们可以将隐藏的图标拖拽到通知区域，将隐藏的图标显示出来。下面我们以"蓝牙设备"为例，将隐藏的通知图标显示出来。操作步骤如下：

图2-22 通知区域

图2-23 "蓝牙设备"图标

鼠标左键长按"蓝牙设备"图标，将其拖动到通知图标显示区域，再将鼠标松开，就可以完成将隐藏的通知图标显示出来的操作，如图2-23所示。

2.4.6 快速返回桌面

我们在桌面上打开了过多的窗口时，如果想重新回到桌面，则需要对每一个窗口进行最小化或关闭操作，也可以通过"显示桌面"按钮快速回到桌面。

操作步骤：当有其他窗口遮挡了桌面时，单击"任务栏"右侧的"显示桌面"按钮，可以快速返回桌面。

2.5 Windows自带附件的使用

Windows自带附件包括IE浏览器、画图、记事本，写字板和截图工具等常用工具，善于使用这些Windows自带附件，有利于提高我们的办公效率，帮助我们解决日常办公遇到的问题。我们可以在"开始"菜单程序栏中找到Windows自带附件，如图2-24所示。

图2-24 Windows附件

2.5.1 画图工具的使用

Windows附件画图工具有强大的图片处理功能，可以对图片进行处理、编辑，还可以完成图片的裁取、旋转、调整大小等操作。我们可以用画图工具完成日常图片的基本处理，下面将介绍画图工具的基本功能。

标题、保存区域可以进行"前进一步""后退一步"操作和保存图片的操作，如图2-25所示。

剪贴板区域有复制、剪切和粘贴的功能，如图2-26所示，我们也可以通过使用快捷键"Ctrl+C""Ctrl+X"和"Ctrl+V"进行复制、剪切和粘贴操作。

图2-25 标题、保存区域　　图2-26 剪贴板区域

我们可以通过图像区域进行图像的裁剪、自由选择图形区域、调整图像大小等操作，如图2-27所示。

工具区域有铅笔、油漆桶、文本工具、橡皮擦、颜色选取器、放大镜等工具，可以对图片进行处理，可以完成添加文本、图片上色等功能，如图2-28所示。

图2-27 图像区域　　　图2-28 工具区域

利用刷子工具可以直接对图片进行修改，在刷子区域中可以选择不同种类的刷子样式，帮助我们完成图形的绘制，如图2-29所示。

如果需要绘制规则的形状，刷子工具较难操作，那么我们可以通过形状工具绘制规则形状，如图2-30所示。我们可以在形状选择区域选择想要的形状，轮廓选项可以调整形状边缘样式，填充选项可以调整形状内部样式。

粗细选项可以调整铅笔和画笔的粗细程度，如图2-31所示，点开粗细选项卡，选中需要的粗细后，就可以进行图形的绘制了。

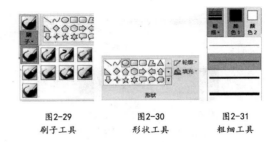

图2-29　　　　　图2-30　　　　　图2-31
刷子工具　　　　形状工具　　　　粗细工具

颜色区域可以控制铅笔、刷子、油漆桶等绘制工具的颜色，颜色1可以调整笔触的颜色，调节颜色1可以更改铅笔、笔刷、油漆桶和形状轮廓的颜色；颜色2可以调整形状的填充颜色。颜色区域可以直接选择的颜色较少，可以在编辑颜色中选择更多的颜色，如图2-32所示。

在"查看"命令中，可以对图片进行放大、缩小操作，既可以将图片全屏展开，也可以打开缩略图。在"查看"选项中，可以打开标尺、网格线和状态栏，方便我们进行图片的处理，如图2-33所示。

图2-32 颜色区域　　　图2-33 "查看"选项栏

"文件"命令下可以进行文件的新建、保存和另存为；还可以将图片设置为桌面背景；在连接打印机时，可以将图片打印出来；在联网时，可以将文件以电子邮件的形式发送给其他用户；在"文件"选项中的"退出"选项可以直接关闭画图工具。"文件"选项栏如图2-34所示。

图2-34 "文件"选项栏

2.5.2 记事本的使用

记事本可以进行文字的记录和存储，有体积小、运行内存小的优点，在记录少量的文字时比Word文档快捷、方便，应用也更广泛。我们可以在桌面右击直接创建文本文档，也可以通过"开始"菜单中Windows附件的记事本软件创建文本文档。

在记事本"文件"命令下，有一些基本功能，可以进行文件的新建、打开、保存、另存为，每个命令后的英文就是它们对应的快捷键。页面设置中可以调整打印功能中的纸张大小、页眉、页脚等信息，如图2-35所示。

在"编辑"命令下，我们可以进行复制、粘贴等基本操作，在日常使用中，我们可以使用快捷键进行文字的编辑，如图2-36所示。

如果我们用记事本记录过多的文字，就会遇到所有文字都在同一行显示的问题，不方便进行查看和操作。我们可以通过"格式"命令菜单中的"自动换行"命令使文字自动排列整齐，适应记事本的窗口大小，方便我们进行操作和查看。"字体"选项可以改变文字的字体、大小和字形。"格式"命令菜单如图2-37所示。

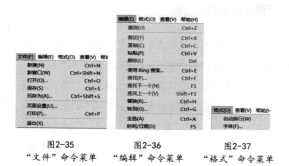

图2-35　　　　图2-36　　　　图2-37
"文件"命令菜单　"编辑"命令菜单　"格式"命令菜单

利用"查看"命令可以控制显示状态栏，进行放大和缩小操作，利用"帮助"命令可以查看记事本的一些基本信息。

2.5.3 用写字板创建文档

写字板可以完成Word文档的基本操作，可以代替Word创建文档，写字板中的"文件""查看"命令和画图工具中的"文件""查看"命令类似。

"文件"命令下可以进行新建、打开、保存、另存为、打印、发送电子邮件、退出等操作。

"查看"命令下可以进行放大、缩小、自动换行、度量单位、显示和隐藏标尺和状态栏等操作。

"主页"命令下分为剪贴板、字体、段落、插入、编辑命令区域，下面主要介绍"主页"命令的各区域。

写字板的剪贴板区域功能和画图工具的剪贴板区域功能相同，如图2-38所示，可以进行复制、剪切和粘贴操作，也可以使用快捷键"Ctrl+C""Ctrl+X"和"Ctrl+V"进行复制、剪切和粘贴操作。

"字体"命令菜单和Word文档的调整字体菜单功能类似，该菜单可以调整字体的大小、颜色和类型，如图2-39所示。

"段落"命令菜单可以调整段落的行距、间距、添加列表、调整行距、调整文字位置、增加或减少段落缩进，适当地调整段落样式可以使段落更加整齐，优化我们的文档，如图2-40所示。

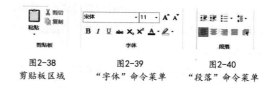

图2-38　　　　图2-39　　　　图2-40
剪贴板区域　　"字体"命令菜单　"段落"命令菜单

有时我们需要插入一些内容来优化文档，我们可以通过"插入"命令菜单插入图片、日期和其他对象，如图2-41所示。在文章内容过多、不方便修改时，我们可以通过"编辑"命令菜单查找我们需要的内容，也可以将文章全选，更换字体或进行其他操作，如果遇到需要更换重复出现的内容时，则可以通过"编辑"命令菜单中的"替换"命令统一替换，如图2-42所示。

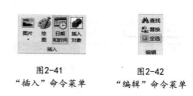

图2-41　　　　　　图2-42
"插入"命令菜单　　"编辑"命令菜单

2.5.4 ▶ 利用截图工具快速截图

截图工具是Windows自带附件另一个功能强大的工具。打开Windows截图工具后，我们可以在"模式"选项中将默认的矩形截图形状调整为任意的截图形状。在"延迟"选项中，调整延迟时间，可以进行延时截图。单击"新建"进行截图，完成后的截图可以用画图工具进行修改，如图2-43所示。

图2-43　截图工具窗口

2.5.5 ▶ 使用计算器

计算器也是我们日常工作中常用的应用软件，通过计算器，我们可以进行许多快捷的计算，下面介绍如何使用Windows 10自带计算器。

我们无法从Windows 10附件中直接找到计算器，但是可以通过"任务栏"中的"搜索栏"直接搜索计算器，操作步骤如下：

（1）在"搜索栏"中输入"计算器"，会出现计算器程序，点击"打开"选项，如图2-44所示。

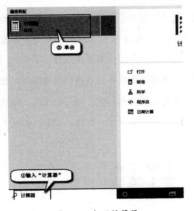

图2-44　打开计算器

（2）计算器的计算区域和显示区域，如图2-45所示。

（3）除了标准的运算外，Windows 10自带计算器还可以进行科学计算、日期推算、质量转换、重量转换等计算，可以通过历史记录找回之前的计算内容。在计算过程中，还可以将计算器置顶，方便计算。计算器功能区如图2-46所示。

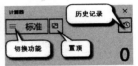

图2-45　计算器计算区域　　图2-46　计算器功能区
　　　与显示区域

2.6 窗口的基本操作

2.6.1 ▶ 窗口的介绍

Windows窗口是系统的重要组成部分，窗口是用户操作程序和文件的主要区域。窗口主要由快速访问栏、标题栏、菜单栏、窗口控制按钮、地址栏、搜索栏、导航栏、工作区域、状态栏等组成，如图2-47所示。

"快速访问栏"提供了日常访问窗口需要的基本按钮，可以进行查看文件属性、新建文件夹、删除文件夹等操作。

"标题栏"主要作用是显示当前窗口名称，位于窗口的顶部。

"菜单栏"主要作用是对窗口进行调整和设置。在菜单栏中，可以选择不同的菜单命令对窗口进行操作。

"窗口控制"按钮可以改变窗口大小和控制窗口的关闭。

"地址栏"主要显示的是当前窗口的名称和具体

路径。利用地址栏左侧的控制按钮，可以进行"返回上一级""后退一步""前进一步"操作。

"搜索栏"可以用来搜索自己想要的内容，节省查找文件的时间。在搜索栏中输入内容后，电脑就会自动搜索目标内容。

"导航栏"包括"快速访问"栏、"OneDrive"栏、"此电脑"栏等，可以帮助我们快速找到常用的内容。

"工作区域"位于窗口中心，是我们进行电脑操作的区域，我们可以在工作区域中进行打开程序、打开新的窗口、新建文件等操作。

"状态栏"位于窗口正下方，主要显示当前窗口项目信息和工作对象的项目个数。

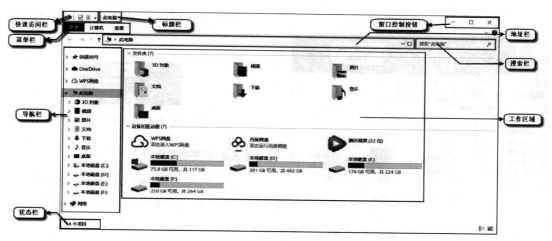

图2-47 "此电脑"窗口组成部分

2.6.2 打开窗口

在了解了窗口的组成部分后，接下来就是窗口的使用。下面以"此电脑"窗口为例，介绍打开窗口的两种方式。

（1）将鼠标光标移至"此电脑"图标上，双击鼠标左键，就能打开"此电脑"窗口，如图2-48所示。

（2）右击"此电脑"桌面图标，点击快捷菜单中的"打开"命令，如图2-49所示。

图2-48 双击左键打开窗口　　图2-49 右键打开窗口

2.6.3 移动和缩放窗口

打开窗口后，有时窗口可能会过大或过小，或者窗口的位置不方便我们使用，为了方便操作我们可以移动窗口或缩放窗口。下面介绍如何移动和缩放窗口。

（1）移动窗口需要长按标题栏中的空白部分，然后移动鼠标，将窗口拖拽到想要移动的目标位置，如图2-50所示。

（2）移动后的窗口，如图2-51所示。

图2-50 拖动窗口

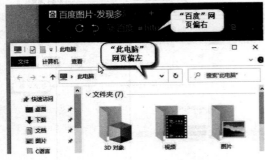

图2-51 移动后的窗口

（3）窗口控制按钮中的"最大化""最小化"按钮可以将图片放大到整个屏幕和最小化到托盘，将鼠标光标移动到窗口边框位置，鼠标光标会变成缩放光标。缩放图标如图2-52所示。

（4）出现缩放光标后，长按鼠标左键，拖动光标，就可以对窗口进行缩放，如图2-53所示。

图2-52 缩放图标　图2-53 缩放窗口

2.6.4 关闭窗口

我们对一个窗口完成操作后，需要将其关闭，下面介绍关闭窗口最常用的三种方法。

（1）单击窗口右上角的"关闭"按钮是关闭窗口最常用的方法。左键单击"关闭"控制按钮，可以快速关闭窗口，如图2-54所示。

（2）右键单击窗口上方空白部分，在弹出的菜单中单击"关闭"选项，如图2-55所示。

图2-54 使用"关闭"
按钮关闭窗口

图2-55 利用"命令"
菜单关闭窗口

（3）除了在窗口中使用控制按钮直接关闭窗口外，还可以通过"任务栏"关闭窗口。右击"任务栏"程序的小图标，单击"关闭窗口"命令即可关闭窗口，如图2-56所示。

图2-56 利用"任务栏"关闭窗口

2.6.5 切换当前窗口

在使用计算机时，我们常常会用到多个窗口，需要在不同的窗口之间不断切换。下面介绍如何进行窗口的切换。

（1）通过"任务栏"切换窗口，每个窗口都会在任务栏中显示小图标，通过单击"任务栏"中的图标就可以切换窗口，如图2-57所示；也可以通过快捷键"Alt+Tab"，快速进行窗口切换。

图2-57 切换窗口

（2）切换后的窗口如图2-58所示。

图2-58　切换后的窗口

2.6.6 使用分屏功能

在日常工作中，我们需要同时打开多个窗口，频繁切换窗口比较麻烦，这时可以使用Windows的分屏功能。下面介绍如何使用分屏功能。

（1）当多个窗口在工作时，使用分屏功能可以方便操作，将窗口向屏幕的角落和左右两侧拖动时，屏幕分别会被分为四屏和双屏。下面介绍如何将浏览器拖拽到左上角，将屏幕分成四屏，如图2-59所示。

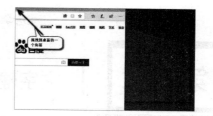

图2-59　将浏览器分为四屏

> 提示：可以通过快捷键"Windows+方向"键，将窗口放置在方向键处进行分屏。

（2）分屏后的桌面，如图2-60所示。

图2-60　分屏后的桌面

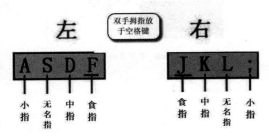

第3章 | 文字输入轻松解决

3.1 正确的指法操作

3.1.1 手指的基准键位

手指的基准键位位于主键盘区，从左到右依次为："A""S""D""F""J""K""L"和";"。其中，左手基准键位是"A""S""D""F"，右手基准键位是"J""K""L"和";"，具体情况如图3-1所示。

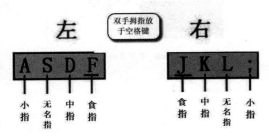

双手拇指放
于空格键

左	右
A S D F	J K L ;
小指 无名指 中指 食指	食指 中指 无名指 小指

图3-1 基准键位

3.1.2 手指的正确分工

手指的正确姿势在于掌握基准键位并对键盘区域进行划分，发挥所有手指的灵动性，进一步提升打字的速度。主键盘区的其他按键采取与基准键位的相对位置进行合理记忆。例如，放在"S"键的无名指向上移动可敲击"W"，向下移动可敲击"X"，其他键位采取与之相同的记忆方式。

左、右拇指只负责空格键的敲击，其余8个手指的活动区域如图3-2所示。

图3-2 主键盘区域分配

主键盘区域按键分配如下：

左手食指："4""5""R""T""F""G""V""B"。

左手中指："3""E""D""C"。

左手无名指："2""W""S""X"。

左手小指："1""Q""A""Z"与左边区域所有键。

右手食指："6""7""Y""U""H""J""N""M"。

右手中指："8""I""K"","。

右手无名指："9""O""L""."。

右手小指："0""P"";""/"与右边区域所有键。

左、右手拇指：空格键。

> 技巧：在打字前和打字过程中，要保持手指在基准键位与其他键位的往返，这样才能提升打字速度。

右手在进行主键盘区打字操作时，也监管数字区域的按键处理，数字键盘区如图3-3所示。

数字区基
准键位

图3-3 数字键盘区

数字键盘区按键分配如下：

右手大拇指："0"。

右手食指："1""4""7"。

右手中指："2""5""8"。

右手无名指："3""6""9"。

3.1.3 ▶ 正确的打字姿势

正确的打字姿势，可以有效缓解用户的疲劳感，对提升打字速度有很大的帮助。正确打字姿势如图3-4所示。

图3-4 打字姿势

保持正确的打字姿势，要做到以下几点。

（1）坐姿自然，双脚自然落地，身体距键盘20厘米左右，眼睛距显示器30~40厘米，视线与显示器保持15° ~20° 。

（2）双臂放松，两肘贴于体侧，并与身体保持5~10厘米的距离。敲打键盘时，手腕与键盘下边框距离保持1厘米左右，指尖轻放于基准键位，左、右手大拇指轻轻放于空格键上。

（3）按键前与按键时，都要牢记双手在基准键位的基础上进行敲击。

（4）打字前，将座椅高度调至合适，切勿出现双脚悬空。打字时，双腿自然弯曲，大腿保持放松，可以有效缓解长时间打字带来的疲惫感。

打字员在进行长时间打字后，常会因为注视电脑时间过长，出现视觉疲劳，从而降低打字速度，甚至影响健康。在打字过程中，适当眺望远处或闭眼休息，可以减缓疲劳。

3.1.4 ▶ 按键的敲打要领

牢记按键敲打要领是学习快速打字的第一步，键盘按键的敲打要领如下。

（1）按键前，左、右手拇指放置于空白格，其他8个手指要轻放于基准键位，指关节自然弯曲，略微拱起，手腕平直，手臂保持不动。

（2）按键时，只有相应的按键手指进行敲击，其他手指放于规定位置，不要进行单手打字，保持力量适中，不依靠手臂找键位。

（3）按键后，双手要立刻放回基准键位，准备进行下一次敲击。

在进行敲击打字时，要使用指腹进行敲击。

3.2 输入文字前的准备

3.2.1 ▶ 语言栏

1. 设置语言栏

本次操作以Windows 10版本为例，单击菜单，单击设置选项，再单击设置窗口的时间和语言选项，具体操作如图3-5和图3-6所示。

图3-5 单击菜单

图3-6 时间和语言

设置窗口包含电脑自带的各功能选项，我们可以根据自身需求对各选项进行设置。首先选中“时间和语言”选项，在打开窗口后，对语言栏属性进行设置，单击“语言”选项，再单击“拼写、键入和键盘设置”，从而进一步打开语言输入具体设置，单击“高级键盘设置”，选中桌面语言栏，便可将语言栏设置在桌面右下角，具体操作如图3-7和图3-8所示。

图3-7 时间和语言

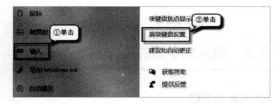

图3-8 输入窗口

详细的语言设置也可在高级键盘窗口进行操作，点击语言列表进行设置，如图3-9所示。

图3-9 高级键盘设置

3.2.2 ▶ 常见的输入法

输入法是通过对汉字的形、音、义进行重组完成汉字输入，输入法大致可分为拼音输入法与五笔输入法。

拼音输入法：用户只需牢记汉字的拼音规则，则可完成汉字输入。该方法符合人们的思维习惯，不需要进行额外记忆，操作简单、有效。

五笔输入法：用户要对汉字的笔画与偏旁部首的组合有较为深刻的理解。五笔输入法相比拼音输入法具有较低的重码率，使用者可以快速对汉字进行输入。

用户选择感觉舒适的输入法进行下载，常见的输入法软件有搜狗拼音输入法、极品五笔输入法、微软拼音输入法等。

3.2.3 ▶ 半角与全角

半角：使用半角打字时，字符按1∶1占位。半角打字是当前打字最为普遍的方式，如图3-10所示。

全角：使用全角打字时，字符按1∶2占位。与半角输入相比，全角输入使用次数较少，这是因为一般的系统命令对全角的需求较小，若使用全角输入兼顾多种语言的储存排列，那么也可以使文字排列整齐有序。全角表示如图3-11所示。

图3-10 半角　　　　图3-11 全角

半角与全角切换：用户在下载拼音输入法后，输入法一般以半角为默认状态。用户在进行半角与全角切换时，只需要打开所下载输入法的状态栏，对其中半角与全角输入进行快捷设置即可。具体操作为：首先单击语言栏设置选项，弹出输入法设置窗口，再单击“按键”设置，选中全/半角输入快捷切换，完成对半角与全角的切换设置，具体如图3-12和图3-13所示。

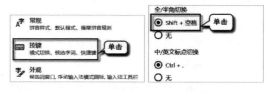

图3-12 语言栏窗口　　图3-13 全/半角快捷按键设置

3.2.4 ▶ 中文标点与英文标点

1. 中文标点与英文标点的区别

中文标点符号：顿号、书名号、间隔号和着重号。英文标点符号：撇号、连字号和斜线号。

需要注意的是，中文一句话收尾用句号（。），而英文一句话收尾用实心圆点（.）。中/英文省略的方式也有所不同，中文省略号为六个点，而英文省略号为三个点，美国英语的省略号在最后收尾时由四个点组成。

2. 中/英文标点切换

我们在文字编辑时，需要根据编写文章的语言方式对中/英文标点进行设置，如英文论文则在进行打字时切换至英文标点，而当前输入法英文标点与英文字体一般默认关联设置，即在进行中/英文输入切换时，中/英文标点也会相应进行切换；而进行中/英文标点切换时，中/英文输入不会发生改变，这满足了大部分用户的输入需求。中/英文切换也是在语言设置窗口进行，在按键设置窗口，我们选中"中/英文标点切换"选项，完成对中/英文标点的切换设置。中/英文标点的设置界面如图3-14所示。

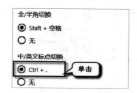

图3-14　中/英文标点快捷按键设置

3.2.5　安装输入法

本次安装操作以搜狗输入法为例，具体操作如下。

（1）下载：搜狗输入法安装包。

（2）安装：首先选择"已阅读并接受用户协议"，单击"自定义安装"可以设置安装选项，再通过"浏览"按钮进行安装位置选择，最后单击"立即安装"，如图3-15所示。

图3-15　安装搜狗输入法

（3）完成：等待软件安装结束后，单击完成。

技巧：在安装过程中，默认的原始安装路径为C盘，选择自定义安装既可以缓解电脑负荷，又便于保存与寻找。

3.2.6　添加与删除输入法

点击语言输入列表，选择语言首选项，打开窗口后，选择相关设置对所需的输入法进行添加，具体操作步骤如下：

（1）点击"我的电脑"，单击"控制面板"，单击"区域和语言"选项，如图3-16所示。

图3-16　控制面板

（2）选择"键盘和语言"，单击"更改键盘"，弹出系统已经安装的输入法，我们对输入法进行选定，既可以选择"添加"，也可以选择"删除"。选择完成后关闭窗口，系统会重新设置输入法内容，如图3-17和图3-18所示。

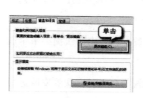 

图3-17　区域和语言　　　图3-18　添加或删除输入法

3.2.7　切换输入法

当电脑安装多个输入法后，在进行汉字输入时，可以根据自己的需求，对使用的输入法进行切换，具体操作方法如下。

（1）快捷键切换：用户敲击键盘"Shift"键后，输入法便可以自动完成中文与英文输入的切换。

（2）语言栏切换：单击语言栏，对其中所含输入法进行选取，即可完成对输入法的切换，如图3-19所示。

图3-19　切换输入法

3.3 输入法的高级设置

3.3.1 设置默认输入法

下载后的输入法一般以英文输入状态为默认状态。为方便用户使用，输入法设有更改选择，用户可以根据自己的需求设置默认输入法，使输入更为简便。输入法默认设置如下：

用户在打开语言状态栏后，对输入语言的服务对话框进行选择，通过下拉列表便可对输入法进行选择，具体操作如图3-20所示。

图3-20　设置默认输入法

3.3.2 设置显示输入法状态条

用户在下载输入法后，每个输入法以自带原画特效呈现。用户在使用输入法时，可以根据自身审美需求对输入法的外观进行设置。操作方法如下：

（1）单击输入状态条，在弹出的快捷菜单中选择"更换皮肤"。

（2）单击"更换皮肤"后，对喜欢的皮肤进行选择。

（3）再次观察状态条，确认皮肤更换，如图3-21所示。

图3-21　搜狗输入法皮肤更换

3.4 使用拼音输入法输入汉字

3.4.1 全拼与简拼输入

全拼输入即对输入汉字的拼音一个不漏地进行拼写，例如"中国"，在全拼模式下输入"zhongguo"。

简拼输入即对输入的每个汉字的开头进行拼写，例如"中国"，在简拼模式下输入"zg"。

全拼与简拼的切换：本文以搜狗输入法为例，用户在下载搜狗输入法后，可以通过语言栏的工具箱按钮对全拼与简拼进行选择，从而对全拼与简拼的输入进行设置，如图3-22和图3-23所示。

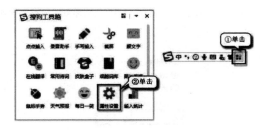

图3-22　工具栏窗口

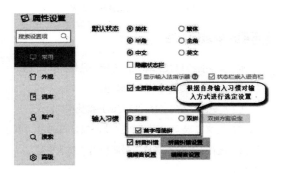

图3-23　全拼与简拼设置

> 注意：选定全拼后，再选定首字母简拼，可以实现与双拼一样的效果。

3.4.2 双拼输入

双拼输入包含简拼输入和全拼输入，简拼输入候选词远远多于全拼输入，精确度较全拼较低，但可以减少输入字母的数量，从而加快打字速度。例如"中国"，即可打"zhongguo"与"zg"。双拼打字可以让打字初学者更迅速地进入打字状态。

3.4.3 中/英文输入

在使用默认输入法进行打字时，很多默认输入法可以实现中/英文的混合输入，例如搜狗拼音输入法，在使用输入法默认状态下，操作步骤如下。

（1）中文输入：在中文输入下正常进行对英文字母的拼写，例如"中国"，输入"zhongguo"按空格键完成汉字输入，若按"Enter"键则完成所打英文字母的输入，具体操作如图3-24所示。

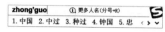

图3-24　中文拼写

（2）中/英文混合输入：在进行中/英文混合输入时，例如"母亲的英文拼写是mother"，敲打"muqindeyingwenpinxieshimother"，然后一步步筛选中文汉字，最后的"mother"不作汉字选择，即可实现中/英文输入，具体操作如图3-25所示。

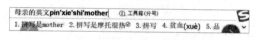

图3-25　中/英文混合输入

通过上述两步操作，用户可以根据需求对中/英文进行输入，这也便于不同语言用户之间的沟通与交流。

3.4.4 模糊音输入

在使用输入法进行打字时，由于受地区方言影响，部分音节的发音与普通话发音不同，从而造成输入困难。本文以搜狗输入法为例，让用户根据自身情况对部分音节的发音进行设置，从而简化输入难度，提高输入效率。

首先从语言栏打开搜狗输入法的工具栏窗口，点击属性设置，如图3-26所示。选中属性设置窗口的模糊音设置，用户根据自身需求对模糊音发音进行选择，单击"确定"按钮完成操作。通过以上操作，输入法可以使用户有效减少输入错误，加快输入速度。

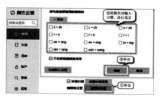

图3-26　模糊音设置

3.4.5 拆字辅助码

拆字辅助码往往用于对生僻字的拼写，很多输入法将常用字放在候选项的前面，便于人们进行打字拼写，导致一些生僻字进行拼写时较为耗时。拆字辅助码则是将汉字进行拆分，利用汉字拆分部分的各自拼音，进行辅助拼写。例如"蚟"由"虫"和"王"两个字组成，我们在进行输入时，根据简拼输入的特点，输入拼音"cw"。具体操作如下所示：

（1）先拼写"wang"，出现候选项；

（2）按"Tab"键，输入"cw"；

（3）选中候选区中的"蚟"字，完成输入。

3.4.6 生僻字的输入

生僻字输入方法不仅可以依据它的拼音，也可以对它的偏旁部首进行拼写，从而实现对生僻字的输入。例如"昶"字，在不知道发音的情况下，我们先打一个"u"，将"昶"字分为"永"和"日"，我们通过拼写"u+yong+ri"就可以实现对"昶"字的输入，如图3-27所示。

图3-27　生僻字输入

这种组合输入既方便人们输入生僻字，也利于人们对汉字拼音的学习。

3.4.7 微软拼音简捷输入法的特点

（1）在进行输入时，输入法对输入拼音的整体含义进行智能化选择，减少用户进行单字挑选的频率，加快输入速度。

（2）微软拼音输入法依据用户的输入习惯进行自学习，经过与用户的磨合，便可以将用户的惯用术语进行智能记录，提高拼音的转换精度。

（3）微软拼音与Office等办公软件密切地联系在一起，安装Office办公软件即对微软拼音输入法进行安装，用户也可以根据需求进行手动安装。

（4）微软拼音输入法支持手写与语音输入，高精度的辨识率能满足各类用户的使用需求。

3.4.8 ▶ 搜狗拼音输入法的特点

（1）搜狗拼音输入法依据用户的输入习惯，将输入数据存入云数据库，从而将长/短句的翻译正确率均提高至80%以上。

（2）搜狗拼音输入法可以对用户输入的语句进行智能的语法纠正，减少用户进行二次修改的频率。

（3）搜狗拼音输入法支持手写与语音输入，且可以实现中/英文的对接翻译。

（4）各式各样的语言栏皮肤让用户赏心悦目。

3.5 五笔打字

3.5.1 ▶ 五笔字型输入基本原理

五笔字型输入法与汉字的读音完全无关，它是利用汉字结构进行输入打字的一种方法。

五笔字型有以下三个层次：

（1）笔画：用户在使用五笔字型进行打字时，是结合横、竖、撇、捺、折五种笔画完成汉字输入的。

（2）字根：字根是汉字构成的基本单位。一般字根都是由笔画组成的常用结构，而这种结构之间的复合构成也就是五笔输入的依据之一。

（3）单字：将字根按照一定顺序组合而成的汉字。

> 注意：笔画、字根、单字是相互联系的，各自并不是单一的整体。

汉字字型：由字根的复合构建而成，五笔字型输入法依据字根的组合结构，分为左右型、上下型与杂合型，如图3-28所示。

字型代号	字型	图示	字例	特征
1	左右型		汉湖封帮	字根之间可有间距，总体看是左右排列。
2	上下型		字冥花华	字根之间可有间距，总体看是上下排列。
3	杂合型		国凶进司乘果	字根之间虽有间距，但不分上下左右；或浑然一体，不分块。

图3-28　五笔字根组合类型

3.5.2 ▶ 五笔字根在键盘上的分布

五笔字型输入法集合电脑键盘英文字母的排列顺序对字根的形、音和意进行归类，将字根合理地分布在键盘上，如图3-29所示。

图3-29　五笔字根在键盘上的分布

3.5.3 ▶ 巧记五笔字根

五笔字根助记歌有效地将每个字母所对应的笔画、键名和基本字根联系起来，括号为注释内容，通过理解对五笔字根进行记忆，如图3-30所示。

图3-30　五笔字根助记歌词

3.5.4 ▶ 灵活输入汉字

五笔字根汉字编辑大致可分为键名汉字、成字字根、单笔画、一般汉字四类。各类编辑特点如下。

（1）键名汉字：依据五笔字根在键盘上的分布，对每个按键进行4次敲击，便可获得每个字根对应的键名汉字，如图3-31所示。

图3-31　键名汉字

（2）成字字根：有些键位字本身也是一个完整的汉字，如"米""六"等，称为成字字根汉字。成字字根输入顺序如下：

先打一下该键，叫"报户口"，然后按笔画输入，一个笔画打一下，总共四键：报户口、第一笔、第二笔、最后一笔。比如"止"字，先报户口（"H"键），再打第一笔一竖（"H"键），再打第二笔一竖（"H"键），再打最后一笔一横（"G"键）。许多常用字打一、二笔或者三笔就出来了。

（3）单笔画：横、竖、撇、捺、折五种基本笔画输入方法如下：

横：先敲击"G"键两次，再敲击"L"键两次。

竖：先敲击"H"键两次，再敲击"L"键两次。

撇：先敲击"T"键两次，再敲击"L"键两次。

捺：先敲击"Y"键两次，再敲击"L"键两次。

折：先敲击"N"键两次，再敲击"L"键两次。

（4）一般汉字：结合五笔字型打字方式，将五笔字型中没出现的汉字（一般汉字），按顺序敲打汉字所包含的第一、二、三与最后一个字根，即可输入一般汉字。

3.5.5 简码的输入

在五笔字型输入法中，简码的输入由一级、二级和三级简码组成。该输入方法只需输入汉字的第一、二或三个字根所在键，便可按空格完成一些简单汉字输入，从而提升输入速度，简化输入难度。

（1）一级简码：五笔输入法将使用频率最高的25个汉字分配至键盘25个键位上，用户只需点击输入汉字的对应简码，再点击空格完成输入，如图3-32所示。例如，输入一级简码"上"字，只需按"H"键后敲击空格键。

图3-32　一级简码键盘分布图

（2）二级简码：五笔输入法将一些频率仅次于一级简码的汉字设置为二级简码，共包含约600个汉字。在使用二级简码进行打字时，只需输入汉字的前两个字根，再补敲空格键完成输入。二级简码使用频率较一级简码使用率低，但在进一步扩充输入容量的同时，简化了输入方法，提高了汉字的输入速度。

（3）三级简码：三级简码与一级简码、二级简码的输入原理相同，输入汉字前三个字根，然后补敲空格键完成输入。三级简码共包含约4400个汉字，也是一种较为方便的输入方式。

3.5.6 输入词组

输入词组即用户需要输入两个及两个以上的汉字。针对不同字数的词组，五笔输入法的输入规则也各不相同。不同字数的词组的输入方法如下。

（1）两字词组：由两个汉字组成，输入规则为依次输入每个汉字的前两个字根代码，补敲空格键完成输入。

（2）三字词组：由三个汉字组成，输入规则为依次输入前两个汉字的第一个字根代码与第三个汉字的前两个字根代码，补敲空格键输入完成。

（3）四字词组：由四个汉字组成，输入规则为依次输入每个汉字的第一个字根代码。

（4）多字词组：指多于四个汉字的词组，输入规则为依次输入前三个汉字的第一个字根代码和最后一个汉字的第一个字根代码。

> 注意：四个字根代码兼容性较强，可以直接参与其他词组的输入。

第 4 章　文件管理——电脑的小管家

4.1　什么是文件

4.1.1　磁盘分区与盘符

当组装好一台电脑之后，最重要的就是为电脑安装操作系统了。新装机的电脑由于硬盘是全新的，所以分区格式并不需要担心数据安全。常用的几款硬盘分区软件PartitionMagic、DISKGEN等，操作简单、易上手。全新电脑是没有系统的，所以需要准备内部均自带PartitionMagic、DISKGEN等硬盘分区软件的U盘或光盘系统盘，具体操作如下：

（1）下载工具后，需要将其制作成U盘系统或刻录成光盘系统，这里推荐制作成U盘系统；如果是光盘系统可以买别人已经做好的系统盘，直接将系统盘放入电脑中即可。

（2）设置电脑的启动顺序，把光驱设为第一启动设备，这时需要进入BIOS。调整启动顺序一般有多种方法，现在的主板厂商为了方便用户使用，把调整启动顺序设置成快捷键，在电脑开机显示画面的时候按住快捷键即可调整。不同的主板快捷键的设置也会有所不同，只需按照画面提示进行操作即可。

（3）进入Partition Magic硬盘分区工具之后，就可以进行硬盘分区了。在硬盘分区之前，必须思考一个问题。如果是用Windows 7操作系统，在硬盘分区的时候，就必须分出30~50G，把其余的容量用于个人数据的存放及软件的安装。C盘一般是作为系统盘，其他盘作为存储盘。目前，由于硬盘普遍达到500G以上，所以一般建议C盘预留100G。另外，一般硬盘最好创建3~6个盘符，方便分类存储数据。

在进行硬盘分区时，需要创建的C盘是主分区，拓展分区一般是D盘，我们常说的逻辑分区是E盘。明白以上层次关系之后，就可以开始进行硬盘分区了，具体操作如下：

（1）创建主分区。主分区也就是我们经常说的C盘。

（2）用户直接在硬盘容量中选择新建分区，在"大小"中输入要创建C盘的容量大小，一般为50G。C盘系统建议留50G以上，如果硬盘容量很小，则建议分配30G以上。

（3）选择好主分区容量后，选择硬盘分区格式，用户需要点击"确定"按钮。这里建议用户选用NTFS硬盘分区格式，该格式无论是可分大小还是安全性对个人用户都是较好的。

（4）完成以上步骤之后，选择硬盘剩余容量部分，创建扩展分区，方法一样，此处不再赘述。

（5）创建扩展分区后，在扩展分区内部创建逻辑分区，选中"扩展分区"。由于扩展分区内包含多个逻辑分区，因此用户要注意分配好每个逻辑分区容量。

（6）需要将主分区设置成活动分区，该步骤必不可少。C盘必须设置为活动分区，不然安装系统可能无法进入系统。

4.1.2　文件

在Windows 10操作系统中，最小的数据组织单位是文件。在文件中，用户可以储存信息、存放文本、变化图像、执行可执行文件等。每一个文件都是磁盘储存文件的集合，并且每一个文件都有自己的名称，例如"123.jpg"，该名称可以看出文件种类是图片类型，如图4-1所示。

4.1.3　文件种类

文件种类分为很多种，一般有图片、视频、音频等。一般情况下，我们根据

图4-1　123.jpg

文件后面的文件拓展名就可以判断出文件的类型。文件类型大致分为文本类型、图片文件、压缩文件、音频文件、视频文件等。

流式文件文本的逻辑结构中包括文本类型，文件的拓展名见表4-1。

表4-1　文本常见拓展名及简介

文件拓展名	文件简介
.txt	文本文件，用于储存无格式文字信息
.doc/.docx	word文件，可用WPS创建和Microsoft Office Word 创建
.xls	电子表格文件，可用WPS创建和Microsoft Office Excel 创建
.ppt	幻灯片文件，可用WPS创建和Microsoft Office PowerPoint 创建
.pdf	是一种电子文件格式，不容易被破坏

图片文件是由一些外部设备取得，通过网络或媒体传输到电脑上，图片的常用拓展名见表4-2。

表4-2　图片文件拓展名及简介

文件拓展名	文件简介
.jpg	广泛使用的压缩图片文件格式，显示文件颜色没有限制
.psd	图像软件Photoshop生成的文件，可用来保存各种Photoshop中的专用属性，如图层、通道等信息，需要的储存空间比较大
.gif	用于互联网的压缩文件格式，只能显示256种颜色，可以显示多帧动画
.bmp	位图文件，不压缩的文件格式，显示文件颜色没有限制，效果好，需要的储存空间大
.png	能够提供长度比 ".gif" 文件小30%的无损压缩图像文件

压缩文件是通过一些算法把文件缩小之后生成的文件，可以有效节省空间，压缩文件的常用拓展名见表4-3。

表4-3　压缩文件拓展名及简介

文件拓展名	文件简介
.rar	通过RAR算法压缩的文件，使用比较广泛
.zip	使用ZIP算法压缩的文件，历史比较悠久
.jar	使用JAVA程序打包的压缩文件
.cab	微软制定的压缩文件格式，用于各种软件的压缩和发布

音频文件就是声音文件，这类文件常用拓展名见表4-4。

表4-4　音频文件拓展名及简介

文件拓展名	文件简介
.wav	波形声音文件，通常通过直接录制生成，需要较大的存储空间
.mp3	使用mp3格式压缩储存的声音文件
.wma	微软制定的声音文件，可被媒体直接播放，需要较小的存储空间
.ra	Real Player声音文件，多用于互联网声音

视频文件是影像资料的集合，包括音频和动画，这类文件常用拓展名见表4-5。

表4-5　视频文件拓展名及简介

文件拓展名	文件简介
.swf	Flash视频文件，通过软件制作并输出的视频文件
.avi	使用MPG4编码的视频文件，用于储存高品质视频文件
.wma	微软制定的视频文件格式，可被媒体播放机直接播放
.rm	Real Player视频文件，多用于互联网传播

4.2 什么是文件夹

4.2.1 文件夹

文件夹的主要功能是储存文件。在操作系统中，文件和文件夹都有名称，系统是根据它们的名称存文件的。

在Windows 10操作系统中，文件夹和文件的命名规则有以下几点。

（1）文件夹名称长度最长256个字符。

（2）文件夹在命名中不能出现这些字符：斜线（\、/）、竖线（|）、小于号（<）、大于号（>）、冒号（：）、引号（""）、问号（？）、星号（★）。

（3）文件夹不区分大小写字母。

（4）文件夹通常没有拓展名。

（5）同一个文件夹中文件夹不能同名。

4.2.2 文件资源管理器

在Windows 10操作系统中，文件资源管理器页面默认显示的是快速访问界面。在快速访问界面中，用户可以看见常用的文件夹、最近使用信息等。

人们可以通过"Windows+E"组合键启用文件资源管理器，如图4-2所示。

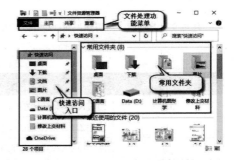

图4-2　文件资源管理器页面

4.2.3 最近使用的文件

在文件资源管理器中，可以看见最近使用的文件列表，我们可以通过单击该列表直接进入文件的工作页面，如图4-3所示。

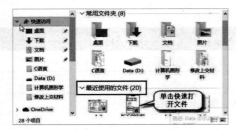

图4-3　最近使用文件页面

图4-4　操作1图示

4.3 文件与文件夹的基本操作

随着使用时间越来越长，电脑储存的文件变得越来越多，如果不对这些文件进行个性化管理，则文件的查找和使用就会很不方便。

4.3.1 新建文件与文件夹

刚刚分完磁盘的电脑，没有很多新的文件夹。我们在使用电脑时，需要新建文件夹，把文件分门别类地放到不同的文件夹中，具体操作如下：

（1）选择储存文件的磁盘，双击该磁盘，如图4-4所示。

（2）在磁盘的空白处右击，即可在弹出的菜单中看见"新建"选项，单击"文件夹"选项，如图4-5所示。

4.3.2 浏览和查看文件

每一个文件夹都有一定的属性信息，并且不同的文件夹的内容、大小、储存位置也会有所不同。如何查看文件夹的属性是用户必须要掌握的，具体操作如下。

（1）选择要查看的文件夹，单击鼠标右键。

（2）点击弹出菜单栏中"属性"菜单命令，如图4-6所示。

（3）通过弹出的菜单可以看出文件夹的具体属性，如图4-7所示。

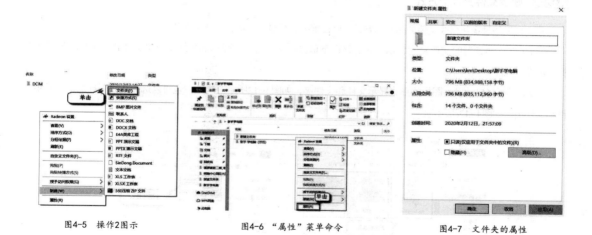

图4-5　操作2图示　　　　图4-6　"属性"菜单命令　　　　图4-7　文件夹的属性

4.3.3 搜索文件和文件夹

当用户知道文件及文件夹的名称，却忘记了文件或者文件夹的位置时，可以通过搜索功能进行搜索文件和文件夹，具体操作如下。

图4-8　"文件资源管理器"菜单栏

（1）打开文件资源管理器窗口。

（2）选择左侧窗口的"此电脑"，将搜索范围设置为该选项，如4-8图所示。

（3）在搜索文本框中，输入关键字，此时电脑就会开始寻找包含关键字的文件，如图4-9所示。

图4-9　搜索文本框

（4）搜索完成后，即可在下面窗口中显示搜索结果，从中可以查找自己需要的文件，如图4-10所示。

图4-10　搜索文件结果

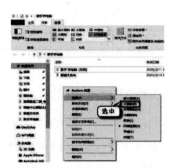

图4-11　快捷菜单

4.3.4 改变文件夹视图方式

用户可以通过操作修改文件夹的显示方式，以设置大图标显示为例，具体操作如下。

（1）在需要设置的文件夹的显示方式的路径下单击鼠标右键，在弹出的快捷菜单中选择查看菜单下的"大图标"命令，如图4-11所示。

（2）系统将自动以大图标的形式显示文件和文件夹，如图4-12所示。同理，也可以选择用小图标的形式显示文件和文件夹，如图4-13所示。

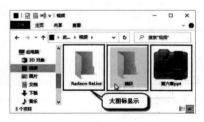

图4-12　大图标显示文件夹

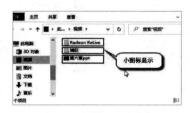

图4-13　小图标显示文件夹

4.3.5 对文件进行排序与分组查看

在进行设置显示文件图标时，可以直接对文件进行排序，具体操作如下。

（1）单击鼠标右键，在弹出的快捷菜单中选择"排列方式"菜单下的"修改日期"命令，如图4-14所示。

（2）系统将自动根据文件夹的修改日期进行排列，也可以根据其他需要进行修改，操作类似，如图4-15和图4-16所示。

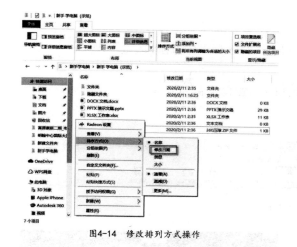

图4-14 修改排列方式操作

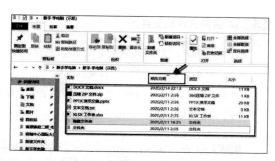

图4-15 根据修改时间排序文件夹

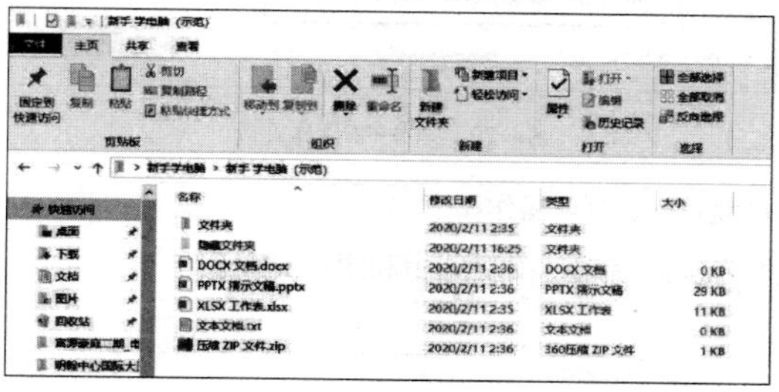

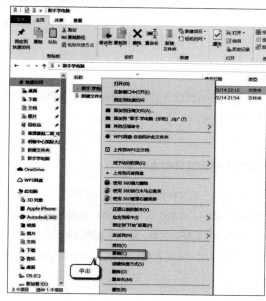

图4-17 快捷菜单

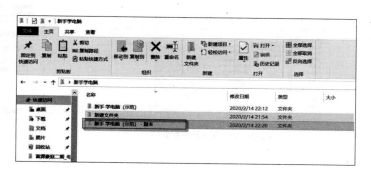

图4-16 没有修改时间排序文件夹

4.3.6 ▶ 复制与移动文件及文件夹

在日常生活及工作中，有些重要文件需要备份，也就是需要创建文件的副本，复制文件和文件夹有很多种方法，具体操作如下。

（1）选择想要复制的文件，单击右键，选择"复制"按钮，如图4-17所示。

（2）找到合适的位置，在空白处，单击右键，然后选择"粘贴"按钮，如图4-18所示。

图4-18 粘贴后的文件夹

注意：可以利用快捷键"Ctrl+C"和快捷键"Ctrl+V"组合键。

4.3.7 合并文件和文件夹

在一定情况下，用户需要把类型相同的文件合并成同一个文件进行操作，以便节省时间。

下面以PDF文件合并为例，具体操作如下。

（1）点开想要合并的PDF文件，利用WPS 2020软件中自带的功能可以完成以下操作。

（2）单击选项卡中的"编辑"选项。

图4-19　PDF合并

（3）单击"PDF合并"按钮，在弹出框中，选择想要合并的文件，如图4-19所示。

（4）给合并后的文件重新命名，并且选择导出的位置，如图4-20所示。

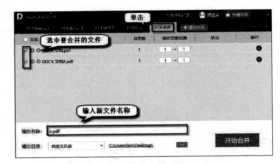

4.3.8 删除文件和文件夹

当电脑上的文件越来越多时，硬盘的可用空间将会变得越来越小，电脑的运行速度将会受到很大的影响，

图4-20　合并PDF操作页面

如果不打算加装新的硬盘，则要考虑删除无用的文件，以腾出硬盘空间，具体操作如下。

（1）右键单击需要删除的文件，在弹出的快捷菜单中选择"删除"命令，如图4-21和图4-22所示。

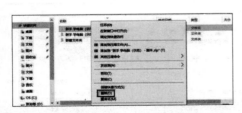

图4-21　弹出菜单栏示意图

图4-22　删除文件时弹出页面

用户删除的文件过大，电脑会提示回收站存放不下，若单击"是"按钮，文件就会被彻底删除，并且不会存放在回收站；如果文件是正常大小，则在回收站里删除即可。

4.3.9 还原文件和文件夹

如果用户删除的文件需要还原，则去回收站内点击"还原"按钮即可，具体操作如下。

图4-23 回收站快捷菜单

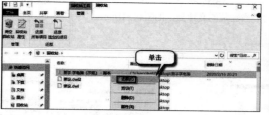

4-24 回收站页面

4-25 压缩文件操作页面

（1）右键单击"回收站"，在弹出的快捷菜单中单击"打开"选项，如图4-23所示。

（2）单击"还原"按钮，文件即可还原到原来的位置，如图4-24所示。

4.3.10 压缩和解压文件

在传输文件时，如果文件过大，传输时间就会变长。因此我们在传输文件时，可以通过文件压缩缩小文件。具体操作见下。

（1）右键单击要压缩的文件。

（2）在弹出的菜单中，选择"添加到压缩文件（A）"选项，如图4-25所示。

（3）在原文件所在的位置会自动生成相同命名的压缩包。

4.4 文件及文件夹的保护

4.4.1 隐藏和显示文件夹

有许多文件比较重要，需要通过隐藏操作进行隐藏文件，具体操作如下。

（1）选择想要隐藏的文件，在其文件名上单击右键，在弹出的菜单栏中选择"属性"命令，如图4-26所示。

图4-26 文件夹快捷菜单

（2）在常规选项卡中，选择"隐藏"复选框，单击"确定"按钮，如图4-27所示。

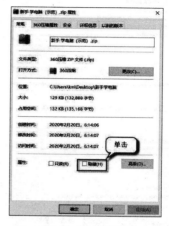

图4-27 "属性"菜单

（3）若隐藏成功，则文件夹显示灰色，如图4-28所示。

4-28 隐藏后文件夹效果

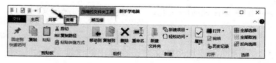

图4-29 "查看"选项卡

如果想要显示隐藏文件，则进行以下操作。

（1）在文件夹窗口，单击"查看"按钮，如图4-29所示。

（2）打开"查看"选项卡，通过快捷方式设置"隐藏的项目"进行隐藏或显示文件，如图4-30所示。也可以单击图4-30中的"选项"进入"文件夹选项"对话框，在"查看"选项的高级设置中，单击 "显示所有文件"，单击"确认" 按钮，即可查看隐藏的文件夹，如图4-31所示。

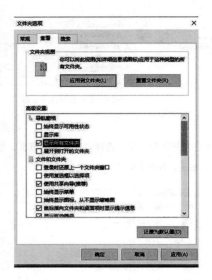

图4-31 "文件夹选项"对话框

图4-33 "高级"菜单

图4-30 "显示文件"快捷方式

图4-32 属性菜单中"常规"选项卡

图4-34 备份文件之后的文件夹页面

4.4.2 加密文件夹

对文件和文件夹进行加密，可以防止它们在未经授权的情况下被访问，Windows 10操作系统提供的加密或解密文件系统的功能，可以提供强力的保护文件的办法，具体操作如下。

选择需要加密的文件，在弹出的快捷菜单中选择"属性"命令。

（1）在弹出的"属性"对话框中单击"常规"选项卡，然后单击"高级"按钮，如图4-32所示。

（2）选择"加密文件以便保护数据"复选框，单击"确定"按钮，如图4-33所示。

（3）返回到"属性"对话框，单击"应用"按钮，弹出"确定属性更改"对话框，选择"将更改应用于此文件夹、子文件和文件"按钮，单击"确定"按钮。

4.4.3 备份文件夹

我们通过前面的内容已经了解到如何复制文件，备份文件夹和复制文件大同小异，只是在复制文件夹之后，需要重命名文件夹，具体操作如下。

（1）右击文件，在弹出的快捷菜单中选择"重命名"，名称以蓝色背景显示，如图4-34所示。

（2）用户可以直接输入文件的名称，按"Enter"键即可完成对文件名称的更改。

第5章 | 软件的安装与管理

5.1 认识常用软件

软件在生活和工作中的应用非常广泛，给人们带来了很大的方便。软件的主要种类有：办公软件、游戏娱乐软件、影音软件、网络应用软件、杀毒软件、图形处理软件等。接下来将以几个软件为例进行介绍。

5.1.1 电脑硬件驱动程序

在Windows系统中，需要安装主卡、光驱、显卡等一系列驱动程序，电脑才能正常运转。电脑的驱动程序很多，我们需要清楚这些驱动程序位于何处。

（1）单击桌面"此电脑"，如图5-1所示。

（2）桌面会出现如图5-2所示的内容，单击"管理"后进入"设备管理器"，如图5-3所示。

（3）单击"设备管理器"后，将会出现如图5-4所示的窗口，在该窗口内可以一目了然地看到计算机的硬件设备，点击某一个设备可以了解该设备目前的工作状态和驱动程序。

通过上面的内容，你已经知道电脑驱动程序所在之处。接下来以网卡驱动、声卡驱动为例进行介绍。

计算机与外界通信是通过网卡完成的，而网卡驱动是一种可以控制和使用计算机中央处理器——CPU设备的特殊程序，类似于硬件的接口，操作系统可以通过这个接口，控制硬件设备的工作，其位置如图5-5所示。

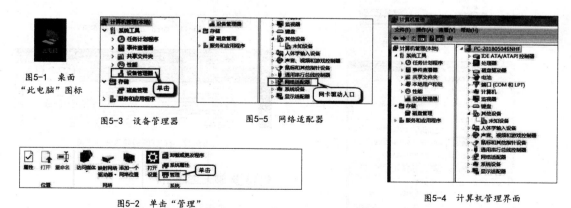

图5-1 桌面"此电脑"图标

图5-3 设备管理器

图5-5 网络适配器

图5-2 单击"管理"

图5-4 计算机管理界面

展开"网络适配器"后，选中要查看的硬件设备，更新其驱动程序，如图5-6和图5-7所示。

图5-6 选择需要更新的驱动程序软件

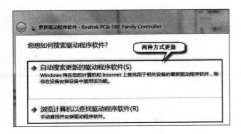

图5-7 更新该设备驱动程序方式选择

声卡驱动是指控制多媒体声卡的控制程序，没有声卡驱动，电脑就发不出声音。如果你的电脑突然没有了声音，不妨检查一下声卡是否出现问题，如图5-8和图5-9所示。

图5-8 声卡检测位置图

图5-9 声卡驱动等详细信息

5.1.2 办公软件

办公软件通常用于办公人员处理日常事务，每种办公软件都有各自的功能。根据功能，办公软件可分为文字处理、表格制作、幻灯片的制作、简单数据库的处理等。办公人员常用的软件有Office 2019、WPS、PDF阅读器等。

WPS 2019是把Word、Excel、PPT各种功能整合到一起、功能齐全的一款软件。在WPS 2019打开".pdf"格式的文件，软件会根据打开文件的大小进行缩放，WPS 2019主程序界面如图5-10所示。

图5-10 WPS 2019主程序界面

Word是我们最常用的文字处理工具，一般用于文字和表格处理。其中，Word文字处理主要用于创建Word文字、编辑文档、使用批注等。Word 2019的主程序界面，如图5-11所示。我们还会采用PDF文件阅读器浏览文件，极速PDF阅读器程序界面如图5-12图示。

图5-11 Word 2019主程序界面

图5-12 极速PDF阅读器程序界面

5.1.3 聊天交流软件

网络聊天交流已经成为我们生活和工作中很重要的一种沟通方式。目前，被大家广泛使用的网络聊天交流软件有：微软公司的MSN Messenger、国内流行的腾讯QQ、小米科技发布的米聊、百度HI、淘宝网和阿里巴巴为商人度身定做的阿里旺旺、批发网为国内中小企业推出的会员制网上贸易服务的"生意通"软件等。

我们根据下载要求进行下载、安装、注册，然后登录，即可使用这类软件。

腾讯QQ是一款在国内被广泛认可的聊天交流软件，功能很强大，用户注册后可以进行日常聊天交流、语音视频和文件传输等。图5-13是腾讯QQ的主界面，图5-14是MSN的聊天界面。

图5-13　腾讯QQ主界面　　　图5-14　MSN聊天界面

游戏娱乐软件

游戏娱乐软件可增加生活的趣味性、打发空闲时间。游戏软件五花八门，常用的有360游戏大厅、以竞技模式为特色的棋牌游戏平台JJ比赛、欢乐斗地主电脑版、保卫萝卜PC版、开心消消乐、天天爱捕鱼、腾讯QQ游戏等。图5-15和图5-16分别是保卫萝卜PC版的入口界面和游戏关卡界面，图5-17则是QQ游戏的登录界面。

图5-15　保卫萝卜PC版入口界面

图5-16　保卫萝卜PC版游戏关卡界面　图5-17　QQ游戏登录界面

5.1.5 影音软件

影音软件主要用于观看VCD、DVD或播放音乐。QQ音乐、酷狗音乐、暴风影音、腾讯视频、搜狐视频、芒果TV等软件都可以进行影音播放。

图5-18是QQ音乐的主界面，用户可以通过它搜索自己喜欢的歌曲和下载收听，也可以线上直接收听。

图5-18　QQ音乐主界面

图5-19是腾讯视频的主界面，可以输入名称查找你喜欢的视频资源，也可以根据左侧的分类菜单选择软件推荐的资源。如果视频资源不是免费使用资源，则会要具有会员权限，这时需要在软件搜索框右侧登录位置进行会员注册和登录。

图5-19　腾讯视频主界面

5.1.6 压缩与解压缩软件

压缩是把二进制信息中相同的字符串以特殊字符进行压缩。压缩可以减小文件占用的存储空间。而解压缩是压缩的逆过程。将压缩过的文件还原为本来的文件，获得初始的、未经压缩的原始文件的过程就是解压缩。压缩软件主要用于压缩文件、图片、程序，常用的有WinRAR、7-zip、360压缩、Winzip、2345好压等软件。图5-20是360压缩软件的界面，图5-21是2345好压软件的主界面。

5.1.7 ▶ 汉字输入法软件

汉字输入法是为了将汉字输入计算机或手机等电子设备而采用的编码方法，也可称为中文输入法。汉字输入法软件主要有QQ拼音输入法、搜狗拼音输入法、QQ五笔输入法、万能五笔输入法等，图5-22是搜狗拼音输入法的悬浮界面，图5-23为万能五笔输入法的设置向导页。

5.1.8 ▶ 杀毒软件

杀毒软件主要用于消除电脑病毒和恶意软件等，具有自动升级、主动防御、监控识别的功能。常用的杀毒软件包括360杀毒、金山毒霸、电脑管家、杀毒大师等，图5-24是电脑管家的主界面。

图5-20　360压缩软件界面

图5-21　2345好压软件主界面

图5-22　搜狗拼音输入法悬浮界面

图5-23　万能五笔输入法的设置向导页

图5-24　电脑管家主界面

5.1.9 ▶ 图形处理软件

图形处理软件主要用于编辑和处理图形或图像的软件，应用于多个领域。常用的图形处理软件包括Photoshop、2345看图王、AutoCAD、Revit等，图5-25是2345看图王的界面。

图5-25　2345看图王界面

5.2 常用软件的获取方法

用户可以通过各种途径获取软件，常用的获取途径有安装光盘、官网下载、相关软件公众号下载、电脑管理软件下载四种。

5.2.1 安装光盘

有些工具软件以光盘的形式出售，这类软件就需要通过光盘进行安装。它的操作方法为：将带有软件的光盘放入光驱中，系统将自动读取光盘自带的自动播放程序，并弹出"安装向导"对话框，然后根据提示便可完成软件的安装。

5.2.2 官网下载

官网，即官方网站，是指一些公司或者个人建立的具有专用、权威、公开性质的一种网站。打开自己常用的网络浏览器，在该浏览器中的地址栏中输入打算下载的软件的网址。以酷狗音乐为例，在浏览器地址栏输入"www.kugou.com"，按"Enter"键进入官网，单击"立即下载"即可下载该软件，如图5-26所示。

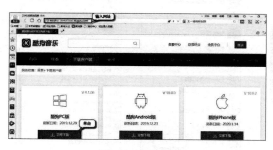

图5-26 官网下载

5.2.3 相关软件公众号下载

在微信中关注相关软件的公众号，登录PC版微信端，将公众号里的软件下载到电脑硬盘中，双击安装软件，根据"安装向导"对话框的提示进行安装。值得注意的是，软件的安装文件一般命名为"setup.exe""install.exe"或者以软件本身的名称命名。

5.2.4 电脑管理软件下载

通过电脑管理软件或者电脑本身自带的软件管理

工具进行下载，常用的有电脑管家、360软件管家等。

以电脑管家为例，打开电脑管家，在页面左下方找到"软件管理"（如图5-27所示），单击"软件管理"，出现软件管理的界面如图5-28所示，然后单击需要下载的软件进行下载。

图5-27 电脑管家的"软件管理"   图5-28 下载游戏软件

5.3 安装软件

5.3.1 安装软件的注意事项

（1）下载安装软件时应当在正规网站上进行下载安装，不正规网站上的软件可能携带病毒和木马，在下载时可能会被植入病毒和木马，导致病毒感染。

（2）多数情况下，软件下载和安装默认在系统盘——C盘上，但如果C盘安装过多软件，可能会导致软件无法运行或者运行缓慢，这时下载的时候要注意将安装分区改为D盘或其他空间大一些的盘等。

（3）注意软件的安装过程中如果带有捆绑软件，则建议不要选择同时下载和安装其他不需要的软件。

5.3.2 根据软件要求安装框架

安装过程中有些软件需要安装一些特定的框架，这样用户在安装过程中才不容易出差错。接下来以安装".net frame"为例讲解解决方法。

（1）找到"此电脑"，右键单击"管理"，如图5-29所示。

（2）单击"服务和应用程序"，如图5-30所示。

（3）单击"服务"，如图5-31所示。

（4）找到并单击"Windows Update"栏目，单击"启动"即可完成安装，如图5-32所示。

图5-29 点击"管理"

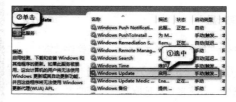

图5-31 单击"服务"

图5-30 服务和应用程序

图5-32 设置框架

5.3.3 安装应用软件

通过5.2节所介绍的方法获得软件后，就可以将该软件安装到电脑里。这里以安装酷狗音乐为例进行介绍。

（1）打开安装的程序，如图5-33所示。

（2）弹出安装对话框后，单击"一键安装"，如图5-34所示。

（3）软件进入安装过程，并显示安装进度，如图5-35所示。

（4）安装完成后，单击"立即体验"按钮，即可完成安装，如图5-36所示。

图5-33 打开酷狗音乐安装文件

图5-34 一键安装酷狗

图5-35 安装进度

图5-36 安装成功后体验软件

图5-37 查看"所有程序"

图5-38 查阅软件

5.4 使用已安装软件

5.4.1 安装软件的注意事项

安装好软件程序后，就可以通过多种方式打开已安装的软件，图5-37显示的是通过点击程序列表菜单查看"所有程序"。

5.4.2 按字母顺序查阅软件

打开电脑程序列表可以进行软件查看。Windows 10家庭版中文操作系统里的应用程序是按照程序首字母进行排序的。用户可以根据软件名称的字母顺序查找软件，如图5-38所示。

5.4.3 按名称搜索软件

打开菜单，在展开的列表搜索栏中，拼写所要查看的软件的名称，按"Enter"键进行搜索，如图5-39所示。

图5-39　通过名称搜索软件

5.4.4 查看桌面打开软件

在电脑桌面上，双击软件的图标，即可打开软件，如图5-40所示。

还可以在电脑桌面上，找到相应软件的图标后，单击右键，在出现的列表中单击"打开"即可查看软件，如图5-41所示。

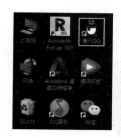
图5-40　双击QQ图标打开

图5-41　单击右键打开软件

5.4.5 查看任务栏打开软件

任务栏在电脑桌面的最下方，点击任务栏里面的软件图标即可查看软件，如图5-42所示。

图5-42　任务栏

5.5 软件的更新与升级

软件不是一成不变的，而是一直处于升级和更新的状态。不断地升级和更新软件可以给用户带来更好的体验感。我们可以将软件的升级分为自动检测升级和第三方软件检测升级两种。

5.5.1 自动检测升级

这里以"电脑管家"为例介绍自动检测升级的方法。

（1）打开电脑管家程序，单击界面左下角"工具箱"这一栏，单击"软件升级"，如图5-43所示。

（2）单击"软件升级"后将会出现如图5-44所示的对话框，单击"升级"，便可进行升级。

图5-43　电脑管家程序

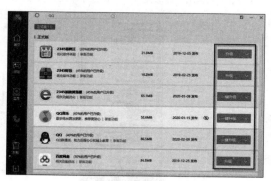

图5-44　软件升级

5.5.2 第三方软件检测升级

用户可以通过第三方软件对电脑中的软件进行升级，如电脑管家和360安全卫士等。下面以电脑管家为例，介绍如何升级电脑中的软件。

（1）打开电脑管家，找到"软件管理"并单击，如图5-45所示。

（2）单击"软件管理"后，界面上会显示需要升级的软件，在需要升级的软件后单击"一键升级"，如图5-46所示。

图5-45　单击"软件管理"　　　　　　　　图5-46　软件升级

<h2>5.6　软件的卸载</h2>

由于电脑的存储容量有限，过多的电脑程序会使电脑使用效果不佳。因此，用户需要经常卸载一些不用的软件，腾出更多的空间以保证电脑的运行以及其他软件的安装。下面以Windows 10家庭版中文操作系统为例，分别对在开始菜单直接卸载、使用第三方软件卸载、使用控制面板卸载三种软件卸载方式进行说明。

5.6.1　在开始菜单直接卸载

（1）在电脑界面下方的任务栏找到"开始"按钮，点击"开始"菜单并选择"所有程序"命令。

（2）在打开的所有程序中找到要卸载的程序，然后选择相应的卸载命令，以卸载WPS为例，如图5-47所示。

（3）在弹出"卸载向导"对话框中单击"直接卸载"，即可进行卸载，如图5-48所示。

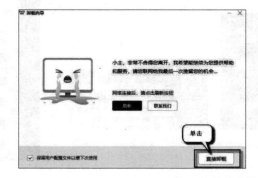

图5-47　在开始菜单直接卸载　　　　　　图5-48　WPS卸载

5.6.2　使用第三方软件卸载

软件在安装和使用过程中会产生一些垃圾文件。普通的卸载方法无法卸载干净，这种情况下用户可以通过第三方软件进行卸载，下面以电脑管家为例进行卸载。

（1）打开电脑管家，在主界面中单击"软件管理"，如图5-49所示。

（2）在"软件管理"界面，单击"卸载"按钮。

（3）在弹出的列表框中选择需要卸载的程序，单击"卸载"按钮，即可进行软件的卸载，如图5-50所示。

图5-49　单击"软件管理"

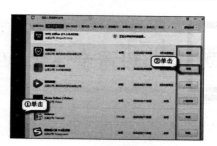

图5-50　软件管理卸载

5.6.3 ▶ 使用控制面板卸载

如果在所有程序中查找不到软件的卸载程序，则可以通过控制面板的方法进行卸载，具体操作如下。

（1）单击电脑桌面上的"开始"菜单，找到"控制面板"并单击，如图5-51所示。

（2）打开"控制面板"窗口后，单击"程序"，如图5-52所示。

（3）出现"卸载或更改程序"界面后，找到需要卸载的程序，单击鼠标右键，选中"卸载/更改"，如图5-53所示。

（4）在弹出的卸载对话框里选中"我想直接卸载"，单击"开始卸载"即可完成卸载，如图5-54所示。

图5-51　控制面板

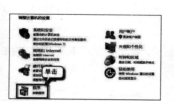

图5-52　单击"程序"

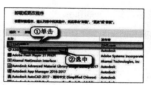

图5-53　单击卸载程序

图5-54　卸载2345看图王

第 6 章 | 设置个性化 Windows 10

6.1 设置日期和时间

Windows系统的日期和时间显示在桌面的右下侧，文件的创建时间会根据Windows系统日期和时间确定。在联网时，系统时间会自动更改，但是用户可以根据自己的需求更改系统的日期和时间。下面将介绍如何更改系统的日期和时间。

更改系统日期和时间的具体操作步骤如下。

（1）打开"开始"菜单，单击"开始"菜单中的"设置"选项，如图6-1所示。单击"设置"窗口中的"时间和语言"选项，如图6-2所示。

（2）首先需要关闭"自动设置时间"，关闭"自动设置时间"后才能手动设置时间和日期。单击"手动设置日期和时间"的"更改"按钮，如图6-3所示。

（3）打开"更改日期和时间"窗口后，调整日期和时间，单击"更改"按钮，就完成了日期和时间的更改，如图6-4所示。

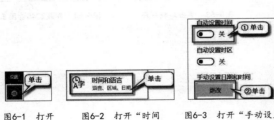

图6-1 打开 "设置"窗口　　图6-2 打开"时间 和语言"窗口　　图6-3 打开"手动设置 日期和时间"菜单

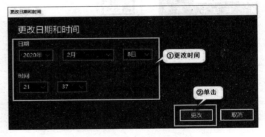

图6-4 更改日期和时间

6.2 桌面个性化设置

当安装Windows 10系统完成后，桌面是Windows系统默认桌面，这时我们可以自己设置桌面，使其更加美观。下面将介绍如何个性化设置自己的桌面。

6.2.1 桌面背景的更换

更换桌面背景有许多方法，下面将介绍如何更换桌面背景。

（1）右击桌面空白处，点击"个性化"命令，如图6-5所示。

（2）选中一张图片，并将其设置为桌面背景，单击图片后就可以完成桌面背景的更改。如果需要选择其他图片，则单击下方的"浏览"按钮，在本地文件中找到自己想要的背景图片，再单击"选择图片"按钮，就可以改变桌面背景，如图6-6所示。

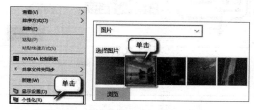

图6-5　点击"个性化"菜单　　图6-6　单击图片

（3）更改完成后的桌面背景，如图6-7所示。

图6-7　更改后的桌面背景

6.2.2　改变桌面图标的排序和大小

桌面图标是系统桌面的重要组成部分，当桌面图标较多且较乱时，不方便调整图标顺序，这时我们可以通过自动排列图标或调整排序方式快速排列图标。年龄较大的用户在使用电脑时，不喜欢太小的桌面图标，而当桌面图标较多时，图标较大会导致桌面不够放置，这时我们可以通过改变图标的大小方便用户操作。下面将介绍如何改变桌面图标的排序和大小。

（1）右击桌面空白处，在弹出的快捷菜单中选择"查看"选项，单击"自动排列图标"，如图6-8所示。

（2）选中"自动排列图标"后，图标就会自动排列，如图6-9所示，这种状态下不能随意放置桌面图

标，将"自动排列图标"关闭后才能随意放置桌面图标。如果觉得图标依然不整齐，则可以通过调整"排序方式"使图标更加有序。

图6-8　单击"自动排列图标"　　图6-9　自动排列后的图标

（3）Windows 10系统桌面图标的默认大小是中等图标，我们可以选择"查看"命令菜单中的"小图标"选项将图标变小，如图6-10所示。

（4）改变大小后的图标如图6-11所示。

图6-10　改变图标大小　　图6-11　小图标显示

6.2.3　系统颜色的更换

Windows系统有默认的系统模式和应用模式，我们可以通过"显示设置"中的"颜色"选项进行更改，下面将介绍如何更改Windows系统的主题颜色。

（1）右击桌面空白处，在弹出的快捷菜单中单击"个性化"选项，如图6-12所示，打开"显示设置"窗口。

（2）在弹出的窗口中选择"颜色"窗口，在"颜色"窗口中可以调整Windows模式和默认应用模式，还可以下拉选择主题颜色，如图6-13所示。

图6-12　打开"显示设置"窗口的步骤

（3）在"选择颜色"选项栏中将系统颜色调整为浅色，如图6-14所示，即可完成主题颜色更换。

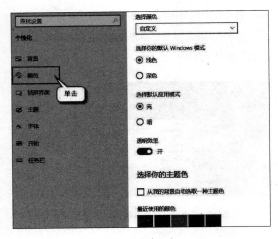

图6-13 "颜色"窗口

图6-16 选择"DOWNLOAD SIDEBAR"

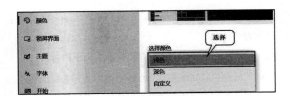

图6-14 选择"浅色"颜色

图6-15 搜索"Gadgets Revived"

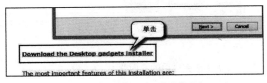

图6-17 下载桌面小程序安装程序

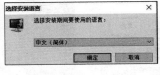

图6-18 选择安装语言

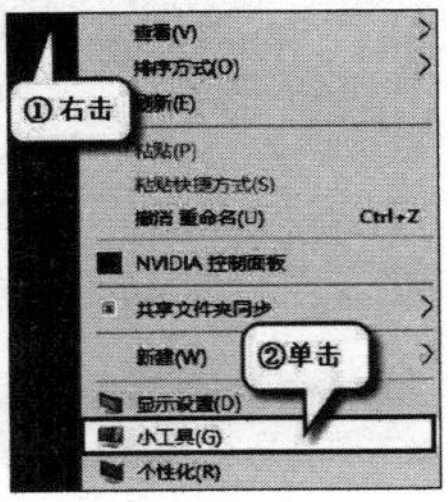

图6-20 打开小工具窗口

图6-19 Windows Desktop Gadgets的安装向导

6.2.4 ▶ 桌面小工具的添加和移除

Windows 10系统取消了Windows 7系统的桌面小工具功能，但是我们可以通过下载组件添加桌面小工具，下面将介绍如何添加和移除桌面小工具。

（1）打开浏览器，输入"Gadgets Revived"搜索官方网站，如图6-15所示。

（2）搜索完成后，打开官网，选择"DOWNLOAD SIDEBAR"，如图6-16所示。

（3）然后单击"Download the Desktop gadgets installer"下载桌面小程序安装程序，如图6-17所示。

（4）下载完小工具程序安装包后，运行安装包安

装桌面小工具程序。选择"中文（简体）"作为安装语言，如图6-18所示。

（5）进入安装向导"Windows Desktop Gadgets"后，只需要按照安装向导的步骤就可以完成安装，如图6-19所示。

（6）完成Windows Desktop Gadgets安装后，右击桌面空白处，我们就可以看到"小工具"出现在命令菜单中，单击"小工具"打开"小工具"窗口，如图6-20所示。

（7）在弹出的小工具窗口中，按住"图片拼图板"小工具将它拖动到桌面上，就可以在桌面上添加

"图片拼图板"小工具，如图6-21所示。

（8）将"图片拼图板"添加到桌面后，我们可以通过小工具右上角的"关闭"按钮移除小工具，如图6-22所示。

6.2.5 屏幕分辨率的设置

计算机的屏幕分辨率指屏幕显示器上显示的像素点数，屏幕分辨率越高，同一屏幕上显示的像素越多，像素点越小，屏幕越清晰。下面将介绍如何设置计算机的屏幕分辨率。

（1）右击桌面空白处，单击快捷菜单命令中的"显示设置"命令，如图6-23所示。

（2）在"显示设置"窗口中可以调节屏幕的分辨率，如图6-24所示。

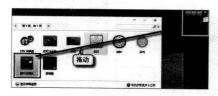

图6-24 调节屏幕分辨率

图6-21 添加桌面小工具　　图6-22 移除桌面小工具

图6-23 打开"显示设置"窗口

6.2.6 主题的设置与切换

Windows 10系统的主题设置功能可以帮助我们美化Windows 10系统，我们可以在主题商店中选择自己喜欢的主题。下面将介绍如何设置Windows系统的主题。

（1）右击桌面空白处，单击快捷命令菜单中的"个性化"命令，如图6-25所示。

（2）在"个性化设置"窗口中，选择"主题"选项，然后单击"在Microsoft Store中获取更多主题"选项，如图6-26所示。

（3）Windows主题商店中有许多免费的主题，我们可以挑选自己喜欢的主题并下载，主题商店如图6-27所示。

图6-25 打开"个性化设置"窗口

图6-26 获取更多主题

图6-27 主题商店

6.3 锁屏界面的设置

当我们打开电脑时，会进入锁屏界面，我们可以通过个性化设置改变锁屏界面，更改锁屏界面图片和增减锁屏应用，用以方便我们快速操作。

6.3.1 锁屏背景图片的更换

锁屏背景图片的更换操作步骤如下。

（1）右击桌面空白处，单击快捷命令菜单中的"个性化"命令，如图6-28所示。

（2）右击"锁屏界面"命令菜单，将"背景"选项从"Windows聚焦"改成"图片"，如图6-29所示。

图6-28 打开"个性化"菜单

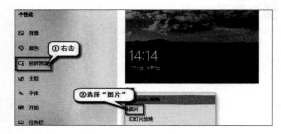

图6-29 选择"图片"选项

（3）接下来就可以自由进行锁屏背景图片的设置了，可以选择Windows系统图片，在"浏览"选项中选择本地图片作为锁屏背景，如6-30所示。

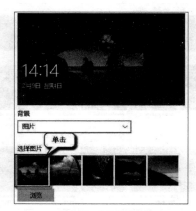

图6-30 改变锁屏背景

6.3.2 添加和减少锁屏应用

锁屏应用在锁屏界面的右下角，锁屏应用可以帮助我们在锁屏界面下快速使用一些简单工具，省去解锁的时间。锁屏应用提供了1个显示详细内容的应用和6个显示快速状态的应用，单击图标可以进行更改和删除，如图6-31所示。

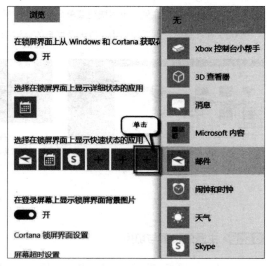

图6-31 增添锁屏应用

6.4 设置独特的屏幕保护

在"锁屏界面"菜单中，我们可以设置独特的屏幕保护样式，Windows系统的屏幕保护类似于手机的息屏，又不同于手机的息屏，它可以起到息屏的功能，却不需要进行解锁，单击屏幕后就可以退出屏保，比手机息屏更加方便、快捷。下面将介绍如何设置屏幕保护样式和设置进入屏幕保护等待时间。

6.4.1 设置屏幕保护样式

Windows 10系统屏幕保护样式沿袭了Windows系统之前的屏幕保护样式，下面将介绍如何设置独特的屏幕保护样式。

（1）选择"个性化"窗口下的"锁屏界面"菜单，单击"屏幕保护程序设置"，打开"屏幕保护程序设置"对话框，如图6-32所示。

（2）打开"屏幕保护程序设置"对话框后，我们可以选择自己喜欢的系统屏幕保护样式，单击"确定"按钮，系统的屏幕保护样式就设置成功了，如图6-33所示。

6.4.2 设置屏幕保护等待时间

在"屏幕保护程序设置"对话框中，除了设置屏保样式外，还可以设置屏幕保护的等待时间，调整等待时间后，单击"确定"按钮，完成设置，如图6-34所示。

图6-32　单击"屏幕保护程序设置"

图6-33　设置屏幕保护样式

图6-34　设置进入屏幕保护等待时间

6.5 管理个人账户

"管理员"和"标准用户"是Windows 10系统的两种账户。两种账户的权限不同，"标准账户"的权限要小于"管理员"的权限，管理员可以访问计算机的任意内容，更改计算机的各项设置；"标准用户"只能更改部分文件，不能修改其他用户的文件和设置。下面将介绍如何管理个人账户。

6.5.1 创建你的个人账户

Windows 10系统默认只有一个"管理员"账户，但用户可以根据自己需求创建新的账户，下面将介绍用户如何创建新的账户。

（1）打开"开始"菜单，单击"设置"按钮，在弹出的窗口中单击"账户"选项，如图6-35所示。

（2）在出现的"账户"菜单中，选择"家庭和其他用户"选项，单击"将其他人添加到这台电脑"按钮，创建新用户，如图6-36所示。

（3）在弹出的菜单中，单击"我没有这个人的登录信息"，如图6-37所示。

（4）选择"获取新的电子邮件地址"，如图6-38所示。

（5）开始创建账户，首先需要填写账户邮箱，这里我们填写"xinshoujiaocheng"，然后单击"下一步"按钮，如图6-39所示。

（6）设置账户密码，完成密码的设置后，单击"下一步"按钮，如图6-40所示。

图6-35 打开"账户设置"窗口

图6-36 创建新用户

图6-37 单击"我没有这个人的登录信息"

图6-38 单击"获取新的电子邮件地址"

图6-39 填写账户邮箱

图6-40 设置账户密码

（7）设置密码后，需要完善个人资料中的姓名，填写完姓名后，单击"下一步"按钮，如图6-41所示。

（8）填写完姓名后需要填写出生日期，完成后填写出生日期单击"下一步"按钮，图6-42所示。

（9）填写完出生日期后，就创建了一个"标准用户"，如图6-43所示。

图6-41 填写用户姓名

图6-42 填写出生日期

图6-43 创建的"标准用户"

6.5.2 切换系统账户

当不同的用户登录计算机时，需要切换系统账户。下面将介绍如何切换系统账户。

（1）单击"开始"，打开"开始"菜单，如图6-44所示。

（2）单击账户头像，在弹出的菜单中选择要切换的账户，即可完成切换系统账户，如图6-45所示。

图6-44 打开"开始"

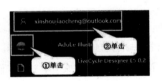

图6-45 切换账户

6.5.3 改变个人账户头像

个人账户头像可以美化Windows系统，我们可以将个人账户头像更换为自己喜欢的图片。下面将介绍如何更改"管理员"账户头像。

（1）采用图6-35显示的方法，打开"开始"菜单，单击"设置"按钮，在弹出的窗口中单击"账户"选项，打开"账户设置"窗口。

（2）在"账户信息"菜单中，"创建头像"有两个选项，可以选择"相机"进行拍照或者通过"从现有图片中选择"选择本地图片，如图6-46所示。

图6-46 "账户信息"菜单

（3）这里我们通过"从现有图片中选择"选项设置账户头像，单击"从现有图片中选择"选项，在弹出的窗口中单击待选择的图片，然后单击"选择图片"按钮，如图6-47所示。

（4）设置完成后的个人账户头像，如图6-48所示。

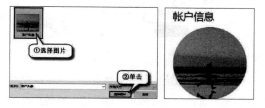

图6-47 设置账户头像　　图6-48 更改后的账户头像

6.5.4 设置PIN密码

Windows系统的PIN密码独立于Windows登录密码，而且PIN密码只能通过本机登录，即使别人知道你的PIN密码，也无法远程进入你的电脑，添加PIN密码可以提高电脑的安全性。下面将介绍如何设置PIN密码。

（1）采用图6-35显示的方法，打开"开始"菜单，单击"设置"按钮，在弹出的窗口中单击"账户"选项，打开"账户设置"窗口。

（2）在账户设置窗口中切换到"登录选项"设置，单击"Windows Hello PIN"后，点击"添加"按钮，设置PIN密码。如图6-49所示。

图6-49 添加PIN密码

（3）在弹出的窗口中输入PIN密码，如果想设置有字母和符号的PIN密码，提高PIN密码的安全性，则需要勾选"包括字母和符号"选项，完成设置后需单击"确定"按钮，如图6-50所示。

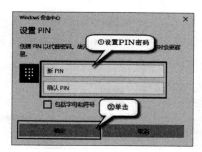

图6-50 设置PIN密码

6.5.5 删除无用账户

我们可以删除无用账户，但需要用"管理员"账户权限才能删除。下面将介绍如何删除无用账户。

（1）单击打开"账户"菜单后，右键单击账户头像，在快捷菜单中单击"更改账户设置"按钮。在"账户"菜单中，选择"家庭和其他用户"选项，单击"标准用户"，单击"删除"按钮，如图6-51所示。

图6-51 单击"删除"按钮

（2）单击"删除账户和数据"按钮，就成功删除了个人账户，如图6-52所示。

图6-52　单击"删除账户和数据"按钮

6.5.6 设置儿童账户

我们可以通过设置儿童账户防止儿童沉迷于计算机，家长可以在微软账户网站规定儿童使用电脑时长，设置儿童使用应用权限。下面将介绍设置儿童账户操作步骤。

（1）采用图6-35显示的方法，打开"开始"菜单，单击"设置"按钮，在弹出的窗口中单击"账户"选项，打开"账户设置"窗口。

（2）设置儿童账户需要登录Microsoft账户，在"账户信息"选项中，改用Microsoft账户登录计算机，如图6-53所示。

图6-53　登录Microsoft账户

（3）登录账户后，切换到"家庭和其他用户"选项，点击"你的家庭"下的"添加家庭成员"，如图6-54所示。

图6-54　添加家庭成员

（4）在单击"添加家庭成员"后弹出的窗口中选择"添加儿童"选项，然后单击"我想添加的人员没有电子邮件"选项，开始创建儿童账户，如图6-55所示。

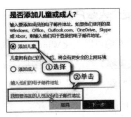

图6-55　创建儿童账户

（5）填写电子邮件地址，然后单击"下一步"按钮，如图6-56所示。

（6）在输入账户邮箱后，设置儿童账户的密码，完成设置后，单击"下一步"按钮，如图6-57所示。

图6-56　输入账户邮箱　　　图6-57　设置账户密码

（7）填写儿童信息，首先需要填写儿童姓名，完成填写后，单击"下一步"按钮，如图6-58所示。

（8）填写儿童的出生日期，填写完成后，单击"下一步"按钮，如图6-59所示。

图6-58　填写姓名　　　图6-59　填写出生日期

（9）填写完出生日期后，就完成了儿童账户的创建，家长可以对儿童账户进行设置，控制儿童账户可以使用的程序、使用计算机的时长等，如图6-60所示。

图6-60　儿童账户创建成功

第7章 | 常用硬件设备与电脑联合使用

7.1 使用电脑光驱和U盘

在当下网络时代中，光驱的应用越来越广泛，光驱是电脑中的一个常用部件，也是计算机日常使用必不可缺的部件。

7.1.1 连接光驱设备

在安装光驱之前，我们需要准备一台外置光驱（一般自带数据线）以及一台电脑。

首先我们要将电脑光驱的数据线的一端连接在光驱插口上，另一端连接到电脑上，如图7-1所示。

在电脑提示后，等待系统自动安装程序，直到完成，如图7-2所示。

在安装完成后进入"我的电脑"查看，会发现一个新的驱动盘，双击打开后会提示装入光盘，如图7-3所示。

图7-1　连接光驱设备

图7-2　光驱驱动安装

图7-3　提示可装入光盘

7.1.2 读取光驱内容

驱动设备安装成功后，双击"显示"装入光盘。在装入光盘之后进入"我的电脑"再次查看，会显示光驱有一个容量条，打开便是安装成功，双击进入即可正常使用。

7.1.3 刻录光盘

我们在刻录光盘之前，首先要将外置光驱与电脑连接并且准备一张空光盘，将它放入外置光驱的托架上，此时电脑会读取光盘并弹出选项，选择"将文件刻录到光盘"，如图7-4所示。

在弹出的"您要如何使用此光盘"窗口中，选择自己需要的类型并且输入光盘标题，如图7-5所示。

图7-4 对光盘进行刻录

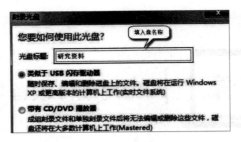

图7-5 光盘的命名

单击"下一步",电脑首先将会对光盘进行格式化操作,如图7-6所示。

在格式化操作结束之后,在"我的电脑"中双击打开"此光盘",并且将自己需要刻录的数据复制和粘贴到光盘,当复制成功后光盘便刻录成功,如图7-7所示。

图7-6 光盘的格式化

图7-7 数据的录入

在刻录成功后,大家最好进入光盘查看数据是否出错,以免造成影响。

7.1.4 U盘的使用

U盘是USB(Universal Serial Bus)盘的简称,常被称为闪盘,根据谐音也被称作"优盘"。U盘是我们常用的一种硬件设备,使用方便,便于携带,存储空间大。

将U盘插入电脑的USB插口,等待电脑运行,在电脑弹出"安全扫描结束"之后,打开"此电脑",即可查看U盘存储空间情况,双击打开即可查看使用U盘内的文件。

在U盘使用结束之后,在电脑右下方找到"安全删除硬件并弹出媒体",右击选择你要弹出的U盘,在显示"安全地移除硬件后",便可将U盘拔出,停止使用。

7.2 打印机的使用

打印机(Printer)是计算机的输出设备之一,可供各种人群的使用。打印机的工作原理为通过喷射墨粉进行印刷文字或图形。我们在生活中使用的打印机通常为喷墨式打印机,在一些商用场所则是使用激光式打印机。还有一种打印机被称为蓝牙打印机,这是一种小型打印机,通过蓝牙实现数据的传输,可以随时随地地打印各种小票、条形码,十分快捷。

7.2.1 连接打印机设备

连接打印机设备,操作如下。

(1)首先确定打印机的网络是否联通,然后在Windows图表中打开"设置",如图7-8所示。

图7-8 打开设置

图7-9 打开设备

（2）进入之后接着打开设备，如图7-9所示。

（3）进入设备之后单击打印机和扫描仪，选择"添加打印机或扫描仪"，如图7-10所示。

（4）在网络通畅的情况下，找到打印机设备，点击"添加此设备"，显示连接成功。

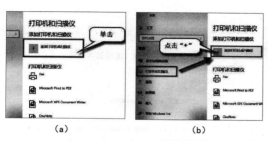

（a）　　　　　（b）

图7-10 打开"打印机和扫描仪"

图7-11 打开"控制面板"

7.2.2 安装驱动程序

安装驱动程序，操作步骤如下。

（1）打开Windows图标，找到"控制面板"并打开，如图7-11所示。

（2）单击打开"查看设备与打印机"，如图7-12所示。

（3）选择"添加打印机"，如图7-13所示。

（4）选择"我所需的打印机未列出"，如图7-14所示。

（5）选择通过手动设置，如图7-15所示。

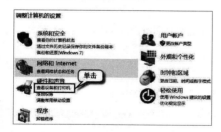

图7-12 打开"查看设备与打印机"

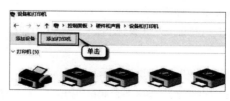

图7-13 单击"添加打印机"

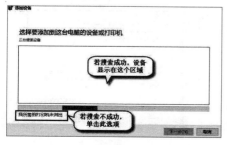

图7-14 选择"我所需的打印机未列出"

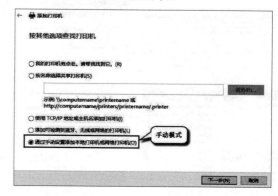

图7-15 选择通过手动设置

（6）选择"使用现有的端口"，如图7-16所示。

（7）选择打印机对应厂商的安装程序进行安装，如图7-17所示。

（8）对打印机进行设备命名，如图7-18所示。

（9）安装完成，如图7-19所示。

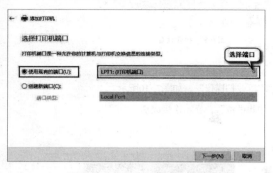

图7-16　选择"使用现有的端口"

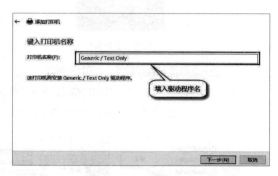

图7-17　选择程序进行安装

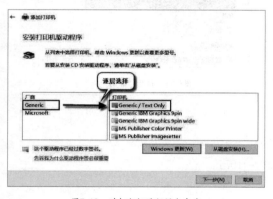

图7-18　对打印机进行设备命名

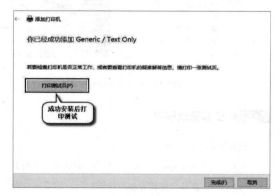

图7-19　安装完成

7.2.3 设置有线和共享打印

设置共享打印，操作如下。

（1）打开"控制面板"，找到并打开"设备和打印机"。右击选择打印机设备，选择"打印机属性"，如图7-20所示。

（2）选择"共享"，如图7-21所示。

（3）勾选"共享这台打印机"，单击"应用"，并且选择"确定"，如图7-22所示。

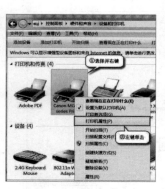

图7-20　打开"打印机属性"

图7-21　选择"共享"

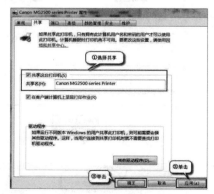

图7-22　确定共享

7.3 使用投影仪

7.3.1 连接投影仪设备

连接投影仪设备，操作步骤如下。

（1）首先需要将投影仪的VGA线插入到电脑的VGA接口处，如图7-23所示。

图7-23　投影仪的连接

（2）打开"开始"菜单，单击"设置"按钮，在弹出的窗口中单击"系统"选项，如图7-24所示。

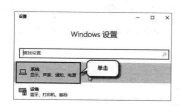

图7-24　打开"系统"

（3）在"显示"选项中，单击"高级显示设置"，如图7-25所示。

图7-25　打开"高级显示设置"

（4）最后在显示窗口中，可以选择投影的设备，如图7-26所示。

（5）如果投影仪使用完毕，则拔出VGA接口，再按照上述步骤重新设置，选择"仅电脑屏幕"即可恢复正常设置。

7.3.2 调整和设置投影仪

调整和设置投影仪可以在上节学习的基础上继续进行学习。"复制"是让自己的屏幕与投影设备的屏幕

同时显示，"仅第二屏"是指只有投影仪显示，"仅电脑屏幕"则是指只有电脑屏幕显示，如图7-27所示是选择"复制"选项后的效果。

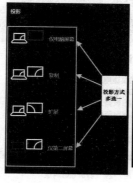

图7-26　选择投影的设备

图7-27　设置"复制"选项后的投影仪和电脑的效果

使用投影仪时我们要注意是否连接良好，投影仪是否正对屏幕，等等。

7.4 连接手机

7.4.1 连接手机设备

借助数据线可以将手机与电脑连接。首先我们需要一根数据线和一部手机，并将它们连接。但是现在很多手机已经不能通过简单的连接进行数据查看，这时我们需要更多的操作，接下来以华为手机举例。

（1）打开"设置"，找到"关于手机"，快速点击7次版本号可进入开发者人员选项模式，如图7-28所示。

图7-28　开启开发者模式

（2）在开发者人员选项中我们可以找到USB调试，如图7-29所示。

（3）最后，在USB配置中选择MTP即可连接成功，如图7-30所示。

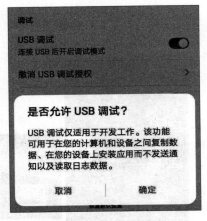

图7-29 打开USB调试

图7-30 选择MTP模式

7.4.2 读取照片和视频信息

将电脑与手机连接，双击打开"此电脑"，并通过双击打开我们的手机设备（见图7-31），再双击打开内部储存，找到DCIM文件夹并打开。DCIM文件夹中，有手机照片camera、手机截图screenshots、微信照片weixinwork等，如图7-32所示。

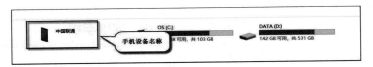

图7-31 打开指定手机设备

若想查看详细的信息，则右击想要查看的图片或者视频，单击"属性"即可，如图7-33所示。

图7-32 访问手机图片文件夹

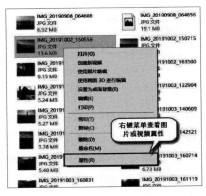

图7-33 详细属性

7.4.3 管理手机文件夹

在前两节中，我们讲解了如何连接手机与电脑硬件并读取照片和视频信息。下面，我们可以很轻松地了解如何管理手机文件夹。

在进入内部储存之后，可以通过右击文件夹对其进行删减、复制，如图7-34所示。

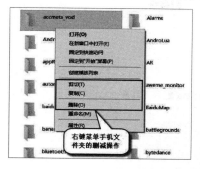

图7-34　删减操作

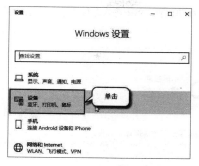

图7-35　单击"设备"

图7-36　打开蓝牙

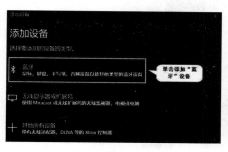

图7-37　确定设备类型

7-38　搜索配对

图7-39　配对成功

7.5　使用蓝牙设备

7.5.1　蓝牙音箱

使用蓝牙设备的操作步骤如下。

（1）在连接蓝牙之前，首先将音箱的蓝牙配对打开，在"设置"里打开"设备"，如图7-35所示。

（2）打开蓝牙并且单击"添加蓝牙或其他设备"，如图7-36所示。

（3）选择要添加的设备类型，如图7-37所示。搜索设备并且点击配对，如图7-38所示。

（4）配对成功，设备已连接，如图7-39所示。

7.5.2　穿戴设备

智能穿戴设备在我们日常生活中非常常见，接下来给大家讲解智能手环与智能耳机的使用。

首先我们需要确定智能手环与智能耳机的蓝牙功能已开启，接着打开电脑的"设置"，打开蓝牙功能，添加其他设备并且进行配对，在配对成功后即可使用。

需要注意的是，智能手环与智能耳机的使用范围有限，需要在一定的配对范围才能确保连接有效。

7.6　智能设备

如今，智能家居设备也逐渐走进了大众的生活。本书今天为大家介绍"小度在家"App的使用方法。

在使用之前我们需要准备小度在家智能视频音箱。在安装时，我们需要先插入电源线，并且开机。

接着我们需要在手机上下载"小度在家"App，该软件可在应用商店下载，如图7-40所示。在安装好

"小度在家"App后打开并且注册用户，扫描智能音箱上的二维码，即可配对成功，如图7-41所示。

在配对成功之后找到家庭互动功能，点击进入即可通过智能音箱实现监控、录像以及视频互动。

图7-40　下载"小度在家"App

图7-41　扫码配对

第8章 | 使用 Word 2019 编辑文档

Word 2019是一种常用的文字处理工具，一般用于文字和表格处理。处理文本时，输入文本是最基本的操作。想要加快输入的速度可以使用剪切和复制功能。如果输入发生了错误，则可以通过按"Backspace"键将其删除。"拼写检查"和"错误检查"等功能可以确保输入的正确性。

8.1 认识Word 2019的操作界面

启动Word 2019后，首先显示的是软件启动画面，接下来打开的窗口便是操作界面。Word 2019主界面里分别是标题栏、功能区、文档编辑区和状态栏，如图8-1所示。

图8-1　Word操作界面

1. 标题栏

标题栏位于窗口的最上方，从左到右依次为快速访问工具栏、正在操作的文档的名称、程序的名称、功能区显示选项按钮和窗口控制按钮，如图8-2所示。

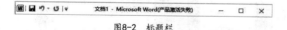

图8-2　标题栏

（1）快速访问工具栏：通常默认存放的是"保存""撤销""恢复"和"自定义快速访问工具栏"四个按钮，如果想要设置自己的快速访问工具栏则可以通过点击"自定义快速访问工具栏"实现。

（2）功能区显示选项按钮：单击此按钮，将弹出一个下拉菜单，通过它可以执行诸如隐藏功能区、显示选项卡、在功能区上显示选项卡和命令之类的操作。

（3）窗口控制按钮：从左到右依次为"最小化""最大化""向下还原"和"关闭"，单击它们可执行相应的操作。

2. 功能区

功能区位于标题栏的下方，默认情况下包含"文件""开始""插入""设计""布局""引用""邮件""审阅"和"视图"九个选项卡，单击某个选项卡，可将它展开。此外，当在文档中选中图片、艺术字和文本框等对象时，功能区中会显示与所选对象设置相关的选项卡。

每个选项卡由多个分组构成，例如，"引用"选项卡包括"目录""脚注""信息检索""引文与书目""题注""索引"和"引文目录"七个分组，如图8-3所示。

图8-3　功能区

3. 文档编辑区

窗口中心的白色区域是文档编辑区域。可以在该区域进行输入文本、编辑文本和插入图片等操作。

当文档内容超出窗口的显示范围时，文档编辑区右侧和底端会分别显示垂直与水平滚动条，拖动滚动条中的滚动块，或单击滚动条两端的小三角按钮，文档编辑区中的显示内容也会随之滚动，从而可以查看其他的内容，如图8-4所示。

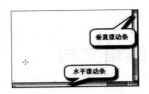

图8-4　文档编辑区

4. 状态栏

状态栏位于窗口底端，用于显示当前文档的页数/总页数、字数、输入语言及输入状态等信息。状态栏的右端有两类功能按钮，其中视图切换按钮用于选择文档的视图方式，显示比例调节工具用于调节文档的显示比例，如图8-5所示。

图8-5　状态栏

8.2　Word 2019的基本操作

关于Word 2019的基本操作，我们这里主要介绍新建、保存、打开和关闭文档等操作。我们可以通过这些操作实现文档的文字编辑、文档的美化。

8.2.1　新建文档

文本的输入和编辑操作都是在文档中进行的，所以要进行各种文本操作必须要新建一个Word文档。用户可以根据自己的需要选择是新建空白的文档还是新建带有格式模板的文档。

1. 新建空白文档

新建空白文档的方法有以下几种。

（1）通过"开始"菜单程序命令、任务栏快捷方式图标或桌面快捷方式图标启动"Word 2019"程序后，单击打开的程序窗口右侧的"空白文档"选项，系统将自动创建一个"文档1"空白文档。再次启动程序以创建空白文档，系统将按"文档2""文档3"的顺序命名新文档。

（2）在Word环境下，按下"Ctrl+N"组合键。

（3）在Word窗口切换到"文件"选项卡，在左侧窗口中选择"新建"命令，在右侧对应的"新建"界面中选择"空白文档"选项，单击即可，如图8-6所示。

图8-6　新建空白文档窗口

2. 根据模板创建文档

Word 2019为用户提供了多种模板类型，如快照日历、蓝灰色求职信、蓝色球简历、学生报告、报表设计、教育宣传册等。用户可以通过模板快速创建各种精美的专业的文档。下面以"学生报告"模板为例，练习根据模板创建文档的具体操作方法。

单击桌面右下角的"开始"按钮，然后从弹出的菜单中依次选择"所有应用程序"→"Word 2019"命令，启动Word 2019。打开程序窗口，在右侧窗口中可以看到Word自带的各种模板，选择"包含照片的学生报告"模板，单击即可，如图8-7所示。

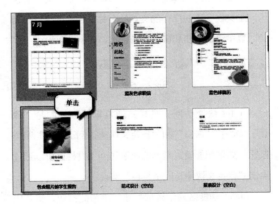

图8-7　挑选合适的模板窗口

此时将弹出"学生报告"模板的对话框，单击"创建"按钮即可，如图8-8所示。

程序将根据该模板创建一个新的文档，如图8-9所示。

若在Word自带的各种模板中没有符合自己需要的模板类型，可以在"搜索联机模板"文本框中输入关键字，然后单击"搜索"按钮，进行联机搜索，最后在搜索结果中选择需要的模板并从网上下载，即可根据该模板创建文档。

图8-8 "包含照片的
学生报告"窗口

图8-9 包含照片
的学生报告效果图

8.2.2 保存文档

相应地编辑了文档之后，以后还想继续编辑和使用文档，则可以通过Word文档的保存功能将文档保存到计算机里。如果不保存，则已编辑文档的内容就会丢失。

1. 保存新建文档

想要保存新建的文档可以按照下面的操作进行保存。

（1）在新建的文档中，切换到"文件"选项卡，在左侧窗口中单击"保存"命令，此时将切换到"另存为"界面，双击"这台电脑"，如图8-10所示。

（2）在弹出的"另存为"对话框中，设置文档的保存路径即文档保存的位置以及文件名和保存类型，然后单击"保存"按钮，如图8-11所示。

 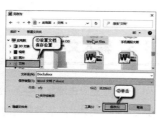

图8-10 保存文档图   图8-11 保存路径及类型图

第一次保存新文档的时候可以通过单击快速访问工具栏中的"保存"按钮，或者按下"Ctrl+S"或"Shift+F12"组合键，也可弹出"另存为"对话框。

在"另存为"对话框的"保存类型"下拉列表框中，若选择"Word 97-2003文档"选项，可将Word 2019制作的文档另存为Word97-2003兼容模式，从而可

通过早期版本的Word程序打开并编辑该文档。

2. 保存已有的文档

为了防止由于停电或系统自动关闭而丢失信息，即便是在编辑过程中也要对文档及时进行保存。现有文档的保存方式与新创建的文档相同，不同之处在于，在保存时，对文档的更改仅保存到原始文档中，因此不会弹出"另存为"对话框，但会显示"Word正在保存..."的提示，在保存后提示立即消失。

3. 将文档另存

对于已有的文档，为了防止文档意外丢失，用户可将其进行另存，即对文档进行备份。此外，在对原始文档进行编辑之后，如果不想更改原始文档的内容，则可以将修改后的文档另存为文档。

将文档另存的操作方法是在要进行另存的文档中切换到"文件"选项卡，然后选择左侧窗口的"另存为"命令，在右侧打开的"另存为"界面中双击"这台电脑"选项，选择将文档保存到本地电脑中，然后，在弹出的"另存为"对话框中，设置与当前文档不同的保存位置、不同的文件名或不同的保存类型。因为如果保存位置、文件名都相同，系统会提示你是否对当前文档进行覆盖，所以要进行不同的设置。完成设置后，单击"保存"按钮，如图8-12和图8-13所示。

图8-12 另存为窗口

图8-13 保存类型

8.2.3 打开文档

若要对电脑中已有的文档进行编辑，首先需要将其打开。一般来说，首先输入文档的存储路径，然后双击文档图标以启动Word并打开文档。想打开文档还可以通过Word文档里的"打开"命令，其操作步骤如下。

（1）在Word窗口切换到"文件"选项卡，然后在左侧窗口中选择"打开"命令，在右侧的界面中双击"这台电脑"选项，如图8-14所示。在Word环境中，通过按"Ctrl+0"或"Ctrl+F12"组合键更便捷地打开"打开"对话框。

图8-14　打开文档窗口

（2）在弹出的"打开"对话框中，找到并选择要打开的文档，然后单击"打开"按钮，即可打开自己想要打开的文档，如图8-15所示。

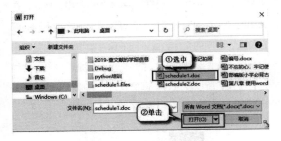

图8-15　打开文档路径

在"打开"对话框中选择要打开的文档后，单击"打开"按钮右侧的三角形按钮。在弹出的下拉菜单中，可以选择打开文档的方式，例如只读模式和副本模式。

8.2.4　关闭文档

编辑并保存Word文档后，如果确认不会对文档继续执行任何操作，则可以将其关闭以减少占用的系统内存。在Word 2019中，有几种方法可以关闭文档。

（1）可以单击右上角"关闭"按钮，如图8-16所示。

图8-16　关闭文档

（2）在要关闭的文档中，切换到"文件"选项卡，然后选择左侧窗口的"关闭"命令以关闭当前文档，如图8-17所示。

鼠标右键单击Word窗口栏最左侧，然后在弹出的快捷菜单中单击"关闭"命令以关闭当前文档。

关闭Word文档时，如果未保存各种编辑操作，那么执行关闭操作后，系统将弹出提示对话框，询问用户是否对各种编辑操作进行保存，如图8-18所示，具体操作如下。

图8-17　关闭文档

图8-18　关闭文档的提示图

（1）单击"保存"按钮，可保存当前文档，同时关闭该文档。

（2）单击"不保存"按钮，将直接关闭文档，且不会对当前文档进行保存，即文档中所作的更改都会被放弃。

（3）单击"取消"按钮，将关闭该提示对话框并返回文档，此时用户可根据实际需要进行相应的操作。

8.3　输入文本

可以通过点击键盘上的数字键和字母键直接输入数字文本和英文文本。系统随附的中文输入法是Microsoft拼音输入法，用户也可以安装其他输入法。

8.3.1　输入中文、英文和数字文本

步骤1：选择输入法。

单击状态栏右下角的"语言栏"按钮，在展开列表中选择合适的输入法，如图8-19所示。

图 8-19　输入法选择

步骤2：输入中文和数字文本。

将光标置于要输入中文文本的位置，在键盘上敲击字母键，组成拼音，可输入相应的中文文本。将光标置于要输入数字的位置，在键盘上敲击数字键可输入数字文本，如图8-20所示。

步骤3：转换输入法。

按"Shift"键在中文和英文之间切换输入法。当输入法状态栏中显示单词"英语"时，就已经切换成了英语输入法，并且可以通过敲击键盘上的字母键输入英语。输入后的效果如图8-21所示。

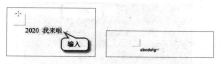

图 8-20　输入数字文本　　图8-21　输入字母文本

在Word中可使用多个快捷键组合切换英文大小写，如"Shift+F3""Ctrl+Shift+A"与"Ctrl+Shift+K"。

例如对图8-21中的英文字母进行大小写转换，首先需要选择要转换的英文字母"abcdefg"，按"Shift+F3"组合键，原来的小写字母都转换为大写字母，如果再次按"Shift+F3"组合键，则可以再次转换为小写字母。

8.3.2　输入日期和时间

日期和时间是经常输入的数据之一。可以通过单击"日期和时间"对话框在Word中插入当前日期和时间。

步骤1：单击"日期和时间"按钮。

打开原始文件，单击要插入日期的位置，在"插入"选项卡下单击"日期和时间"按钮，如图8-22所示。

步骤2：选择日期和时间格式。

弹出"日期和时间"对话框，首先将"语言（国家/地区）"设置为"中文（中国）"，然后双击"可用格式"列表框中要选择的格式，如图8-23所示。返回文档，就可以看到根据所选格式插入系统当前日期的效果。

需要大量输入日期和时间时，使用对话框的方式就非常麻烦，这时使用快捷键可以快速完成输入。如果想要快速地输入当前的日期和时间，则可以通过快捷键进行操作。比如按"Alt+Shift+D"组合键输入当前日期，然后按"Alt+Shift+T"组合键输入当前时间。

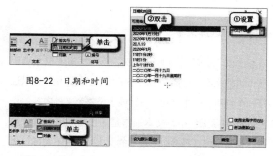

图8-22　日期和时间

图8-24　输入符号　　　图8-23　选择日期和时间格式

图8-25　选择符号

8.3.3　输入符号

符号是具有某种特定意义的标识，能够直接通过键盘输入的符号有限，用户可通过"符号"对话框输入各种各样的符号。

步骤1：单击"其他符号"选项。

打开原始文件，单击要插入符号的位置，切换至"插入"选项卡，单击"符号"按钮，在展开的下拉列表中单击"其他符号"选项，如图8-24所示。

步骤2：选择符号。

弹出"符号"对话框，在"符号"选项卡下的"字体"下拉表框中选择合适的字体，单击需要的字符，单击"插入"按钮，如图8-25所示。

步骤3：在光标处查看插入符号的效果。

可以通过Word中的快捷键输入注册商标和版权符号。按"Alt+Ctrl+R"组合键输入注册符号，按"Alt+Ctrl+C"组合键输入版权符号，然后按"Alt+Ctrl+T"组合键输入商标符号。

8.4 文档的编辑操作

在文档中输入文本后，我们可以对其进行编辑。文档的编辑操作包括选择文本、剪切和复制文本、删除和移动文本、查找和替换文本以及撤销或重复操作步骤。

8.4.1 选择文本

在对文档进行编辑的时候，首先要做的就是选中要编辑的文本。选择文本的方式有很多种，用户可以选择一个词组、一个整句、一行或者是整个文档内容。

在实际工作中，文本通常是通过拖动鼠标进行选择，但是当要选择多个不连续的文本时，就不可能仅通过鼠标拖动选择。首先拖动鼠标以选择文本，然后按住"Ctrl"键，继续在文档中拖动鼠标以选择其他需要选择的文本。

步骤1：选择一个词组。

打开原始文件，将鼠标指针定位在词组"全世界"的第一个字的左侧，双击鼠标即可选择该词组，如图8-26所示。

步骤2：选择一个整句。

按住"Ctrl"键不放，在要选择的句子中单击，即可选择一个整句，如图8-27所示。

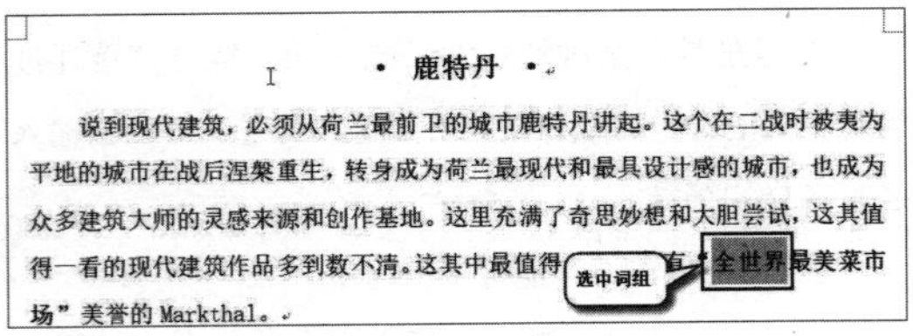

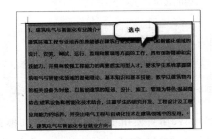

图8-26　选择词组

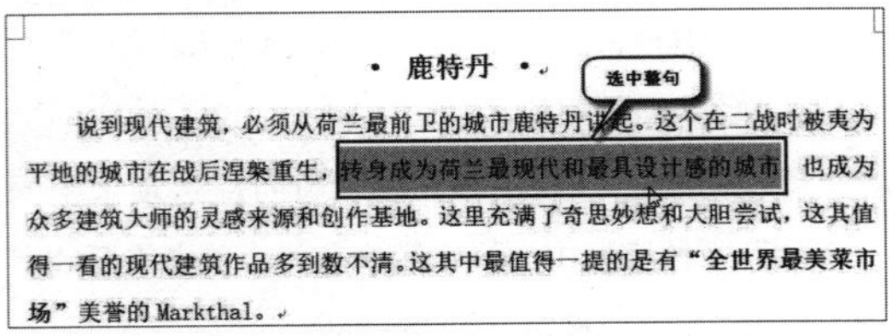

图8-27　选择整句

步骤3：选择一行。

将鼠标指针指向一行的左侧，当指针为向右倾斜的箭头时，单击鼠标以选择指针右侧的一行文本，如图8-28所示。

步骤4：纵向选择文本。

按住"Alt"键不放，纵向拖动鼠标，可选择任意的纵向连续文本，如图8-29所示。

图8-28　选择一行　　　　图8-29　选择纵向连续文本

步骤5：选择所有文档。

当鼠标放到文档外时，鼠标指针会呈右斜箭头形状，这时连续三次点击鼠标，即可选中整个文档的文本内容，如图8-30所示。如果习惯使用键盘，则可以直接使用"Ctrl+A"快捷键选择全部文档内容。

图8-30　全选文本

用户通常可以在状态栏查看文档的页数和字数统计，若要查看更多的统计值，包括字符数（不计空格）、字符数（计空格）、段落数、行数等，则只需要在"审阅"选项卡中单击"字符统计"按钮，即可在弹出的对话框中查看详细的数据信息。

8.4.2 文本的剪切和复制

剪切和复制文本都可以将文本放入剪贴板，不同之处在于剪切文本后会删除原文本，并且复制文本会生成相同的文本。

步骤1：剪切文本。

打开原始文件，选择暂时不用的内容，在"开始"选项卡中单击"剪切板"组中的"剪切"按钮，如图8-31所示。

步骤2：剪切文本后的效果。

此时可以看见，文档中所选择的内容已被剪切，不再显示，如图8-32所示。

图8-31 剪切文本

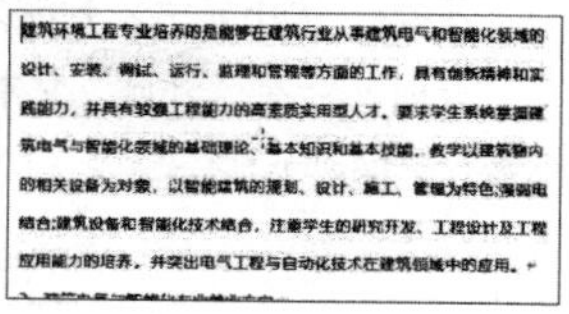

图8-32 剪切文本效果

步骤3：单击对话框启动器。

如果要查看被剪切的内容，则可以单击"剪切板"组中的对话框启动器，如图8-33所示。

步骤4：查看剪切内容。

打开"剪切板"窗口，在窗口中可以看到剪切的内容，如图8-34所示。如果想要重复使用这些内容，则可以重新将内容粘贴到文档中。

图8-33 查找
剪贴板

图8-34 剪贴板内容

若要快速复制、粘贴文本，可以分别使用快捷复制键"Ctrl+C"和粘贴复制键"Ctrl+V"，而移动文本可以使用剪切快捷键"Ctrl+X"配合粘贴快捷键"Ctrl+V"。但需要注意的是，使用这些快捷键进行复制和移动后，不仅会粘贴文本的内容，还可能会粘贴文本的格式。如果只想粘贴文本内容，则可以通过单击鼠标右键的"粘贴"选项下的"选择性粘贴功能"。

步骤5：复制文本。

选中需要复制的内容，在"剪贴板"组中单击"粘贴"按钮，然后在展开的列表中单击"只保留文本"选项，如图8-35所示。

步骤6：粘贴文本。

将光标放置在要粘贴内容的位置，单击"剪贴板"组中的"粘贴"按钮，在展开的下拉列表中单击"仅保留文本"选项，如图8-36所示。

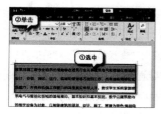

图8-35 复制文本

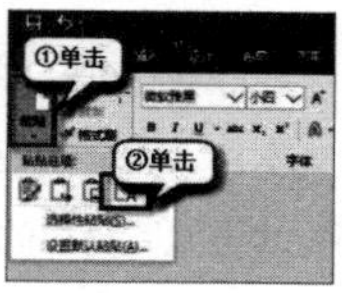

图8-36 粘贴文本

8.4.3 文本的删除和修改

删除文本内容意味着从文档中删除文本。修改文本内容意味着选择文本后，在原始文本的位置输入新的文本内容。

步骤1：选择要删除的文本。

打开原始文件，选择要删除的文本内容，如图8-37所示。

步骤2：删除文本效果。

按"Delete"键可以看到所选的文。本已经被删除，如图8-38所示。

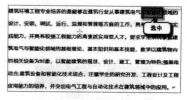

图8-37 选中要删除的文本

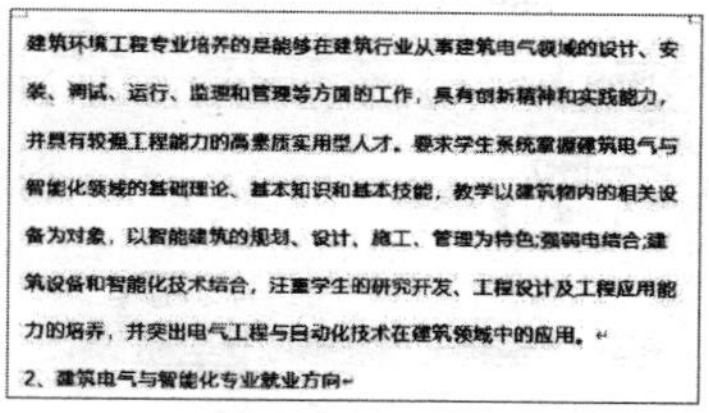

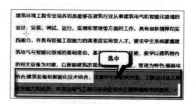

图8-38 删除文本的效果

步骤3：选择要修改的文本。

选择要修改的文本内容，如图8-39所示。

步骤4：直接输入你想输入的文本内容，完成修改，如图8-40所示。

图8-39 选择要修改的文本

图8-40 修改文本的效果

8.4.4 查找和替换文本

对于一个内容较多的文档，用户如果需要快速查看某项内容，可输入内容包含的一个词组或一句话，进行快速查找。当在文档中发现错误后，如果要修改多处相同的错误，则可以使用替换功能。

步骤1：单击"替换"按钮。

打开原文件，在"开始"选项卡下单击"编辑"组中的"替换"按钮，如图8-41所示。

步骤2：查找文本。

弹出"查找和替换"对话框，切换到"查找"选项卡，在"查找内容"文本框中输入要查找的内容，然后在文本框中输入搜索内容"领域"，单击"查找下一处"按钮，如图8-42所示。

图8-41　替换文本按钮

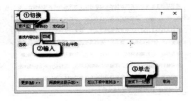

图8-42　输入要查找的内容

此时，显示了第一个"领域"文本所在的位置，继续单击"查找下一处"按钮，可查找其他的"领域"文本所在的位置，如图8-43所示。

图8-43　查找内容的效果图

步骤3：突出显示文本。

为了方便用户查看文档中所有"领域"文本所在的位置，可以突出显示内容。在"查找和替换"对话框中单击"阅读突出显示"按钮，在展开的下拉列表中单击"全部突出显示"选项，如图8-44所示。

步骤4：突出显示文本的效果。

此时，所有"领域"文本内容都被加上了黄色的背景，如图8-45所示。

图8-44　阅读突出显示　　图8-45　阅读突出显示的效果图

步骤5：输入替换文本。

如果查找时发现部分内容有误，可以切换到"替换"选项卡，在"替换为"文本框中输入替换内容，如输入"范畴"，单击"查找下一处"，如图8-46所示。

步骤6：查找需要替换的文本。

此时，系统自动选中第一处"领域"文本内容，根据段落的内容判断此处有误，如图8-47所示。

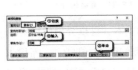 

图8-46　查找文本　　　图8-47　查找要替换的文本

步骤7：单击"确定"按钮。

继续替换其他文本，完成替换之后会弹出对话框，提示用户已完成对当前文档的搜索，单击"确定"按钮，如图8-48所示。

步骤8：替换后的效果。

返回文档，可以看见错误的文本内容已经被替换成正确的文本内容，如图8-49所示。

 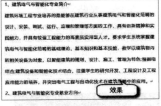

图8-48　对文档的　　　图8-49　替换效果图
搜索提示图

在Word中，除了使用"查找和替换"对话框查找文本外，还可以使用"导航窗口"复选框，在文档左侧的"导航"窗口的文本框中输入需要查找的文本内容，即可在文档中看到被涂色显示的文本内容。

8.4.5 撤销与重复操作

如果某一步操作发生了错误，要恢复到操作之前的效果，则可以使用Word文档的撤销功能。如果要对多个对象使用一个操作，则可以使用重复操作的功能。

步骤1：改变图片大小。

打开原文件，拖动图片四个角上的控点调整图片的大小，如图8-50所示。

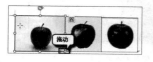 

图8-50　改变图片大小　　　图8-51　撤销操作

步骤2：撤销操作。

释放鼠标后，图片的大小发生了改变，使图片自动切换到了下一行，反而不利于文档的排版，此时单击快速访问工具栏的"撤销"按钮，如图8-51所示。撤销操作后的效果，如图8-52所示。

步骤3：应用图片样式。

选中第一张图片，切换到"图片工具—格式"选项卡，在"图片样式"组中选择样式库中的"简单框架白色"样式，为第一张图片应用样式，如图8-53所示。

图8-52　撤销操作的效果　　　图8-53　选择图片的格式

步骤4：重复操作。

选中第二张图片，在快速访问工具栏中单击"重复"按钮，如图8-54所示。

图8-54　重复操作

当撤销了一个或者多个操作后，如果想要恢复，则可以在快速访问栏中单击"恢复"按钮。

如果想要撤销一个或者多个操作步骤，使用连续单击"撤销"按钮的方式不仅浪费时间，还不一定能够得到准确的操作结果，此时可以单击"撤销"按钮右侧的下拉菜单，在展开的下拉列表中选择要撤销的操作即可。

8.5　设置文档格式

如果希望制作出来的文档更加规范，在完成内容输入后，还需要对其进行必要的格式设置，如设置字体、字号等文本格式，以及缩进、对齐方式等段落格式。

8.5.1 设置字符格式

在Word文档中输入文本后，为了能够突出重点、美化文档，可对文本设置字体、字号、字体颜色、加粗、倾斜、下划线和字符间距等格式，从而让千篇一律的文字样式变得丰富多彩。

1. 设置字体、字号和字体颜色

在Word文档中输入文本后，默认显示的字体为"宋体"（中文正文），字体为"五号"，字体颜色为"黑色"。根据自己操作需要，可以通过"开始"选项卡的"字体"组更改格式，具体操作步骤如下。

（1）打开需要编辑的文档，选中要设置字体的文本，在"开始"选项卡中的"字体"组中，单击"字体"右侧的下拉按钮，如图8-55所示。

（2）在弹出的下拉列表中选择需要的字体，如图8-56所示。

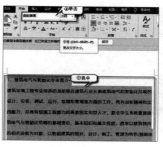 

图8-55　选中文本　　　图8-56　选择
需要的字体

（3）保持当前文本的选中状态，单击"字号"右侧的下拉按钮，在弹出的下拉列表框中选择需要的字号，如图8-57所示。

图8-57　选择字号

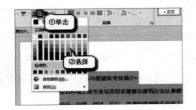

图8-58　选择颜色

（4）保持当前文本的选中状态，单击"字体颜色"按钮右侧的下拉按钮，在弹出的下拉列表中选择需要的颜色即可，如图8-58所示。

2．设置加粗、倾斜效果

在设置文本格式的过程中，有时还可以对某些文本设置加粗、倾斜效果，以达到突出显示的作用，具体操作步骤如下。

（1）打开要编辑的文档，选中需要设置加粗效果的文本，然后在"开始"选项卡中的"字体"组中单击"加粗"按钮，便可设置加粗效果，如图8-59所示。

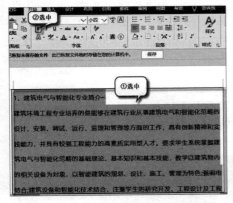

图8-59　加粗文本的效果图

（2）选中要设置倾斜效果的文本，然后单击"倾斜"按钮，便可设置倾斜效果，如图8-60所示。

图8-60　倾斜文本的效果

选中文本后，按"Ctrl+B"组合键可设置加粗效果，按"Ctrl+I"组合键可设置倾斜效果。

3．设置字符间距

为了让文档的版面更加协调，有时还需要设置字符间距。字符间距是指各字符之间的距离，通过调整字符间距可使文字排列得更加紧凑或者更疏散，具体步骤操作如下。

（1）打开需要编辑的文档，选中需要设置字符间距的文本，然后单击"字体"组中的"功能扩展"按钮，如图8-61所示。

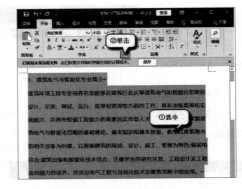

图8-61　选中文本

（2）弹出"字体"对话框后单击"高级"选项卡，在"高级"选项卡下的"间距"下拉列表框中选择间距类型，如"加宽"选项，然后在右侧的"磅值"数值框中设置间距大小，设置完成后单击"确定"按钮，如图8-62所示。

（3）返回当前文档，即可查看设置后的效果，如图8-63所示。

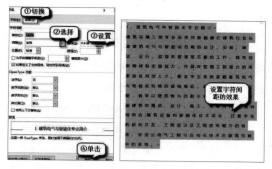

图8-62 设置字符间距　　图8-63 设置完字符间距效果图

Word提供了高级文本格式设置功能，如连字设置、数字格式选择等。将这些功能与任何Open Type字体配合使用，可为录入的文本增添更多光彩。

4. 为文本添加下划线

在设置文本格式的过程中，对某些词、句添加下划线，不但可以美化文档，还能让文档轻重分明、突出重点，具体操作步骤如下。

（1）选中你所想要添加下划线的文本，然后单击"下划线"右侧的下拉按钮，在弹出的下拉列表中选择需要的下划线样式，如图8-64所示。

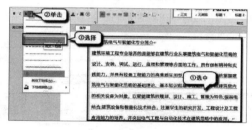

图8-64 选中文本

（2）在弹出的下拉列表中选择"下划线颜色"命令，在弹出的菜单中可以选择下划线的颜色，如图8-65所示。

5. 设置文本突出提示

Word提供了"突出显示"功能，通过该功能，可以对文档中的重要文本进行标记，从而使文字具有突出的效果，具体操作步骤如下。

图8-65 设置下划线

（1）打开需要编辑的文档，选中要设置突出显示的文本，在"字体"组中单击"突出显示"右侧的下拉按钮，如图8-66所示。

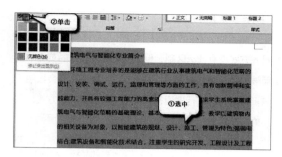

图8-66 突出提示

在没有选中文本的情况下，若直接在"字体"选项卡中单击"突出显示"右侧的下拉按钮，在弹出的下拉列表中选择某种颜色后，鼠标将呈现 形状。此时，拖动鼠标选择文本，就可为文本设置突出显示。

（2）弹出的下拉列表中，将鼠标指针指向某种颜色时，可以预览效果，选择某种颜色，即可将其应用到所选文本上，如图8-67所示。如果要在设置突出显示之后又想取消效果，则可以选择突出显示的文本，然后单击"字体"组中"突出显示"右侧的下拉按钮，然后选择"无"颜色命令。

图8-67 选择合适的颜色

8.5.2 设置段落格式

在输入文本内容时，按下"Enter"键进行换行后会产生段落标记"↵"，凡是以段落标记结束的一段内容便为一个段落。

段落的格式设置主要包括对齐方式、缩进、间距、行距、边框和底纹等。合理设置这些格式，可使文档结构清晰，层次分明。下面将分别介绍。

1. 对齐方式

段落在文档中的相对位置就是文档的对齐方式，段落的对齐方式有文本左对齐、居中、文本右对齐、两端对齐和分散对齐五种。

从表面上看，"文本左对齐"与"两端对齐"两种对齐方式没有什么区别，但当行尾输入较长的英文单词而被迫换行时，若使用"左对齐"方式，文字会按照不满页宽的方式进行排列；若使用"两端对齐"方式，文字的距离将被拉开，从而自动填满页面。

默认情况下，段落的对齐方式为两端对齐，若要更改为其他对齐方式，可按照下面的操作步骤实现。

（1）打开要编辑的文档，选中要设置对齐方式的段落，然后在"开始"选项卡的"段落"组中单击需要设置的对齐方式功能按钮，如图8-68所示。

（2）此时，文档中的所选段落将以选择的对齐方式进行显示，如图8-69所示。

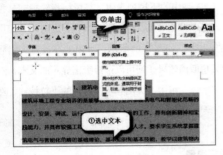

图8-68 选中文本

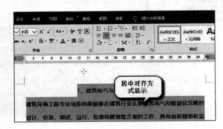

图8-69 设置居中对齐

除了上述操作方法外，还可以通过以下两种方法设置段落的对齐方式。

（1）选中段落后单击"段落"组中的功能扩展按钮，弹出"段落"对话框，在"常规"栏的"对齐方式"下拉列表框中选择需要的对齐方式，然后单击"确定"按钮即可。

（2）选择一个段落后，按"Ctrl+L"组合键设置"左文本对齐"对齐方式，按"Ctrl+E"组合键设置"居中"对齐方式，按"Ctrl+R"组合键设置"右对齐"方法，按"Ctrl+J"组合键设置"两端对齐"方法，按"Ctrl+Shift+J"组合键设置"分散对齐"方法。

2. 段落缩进

为了增强文档的层次结构并提高可读性，可以为段落设置适当的缩进。有四种缩进段落的方法：左缩进、右缩进、首行缩进和悬挂缩进。

左缩进：指整个段落左边界距离页面左侧的缩进量。

右缩进：指整个段落右边界距离页面右侧的缩进量。

首行缩进：页面左侧与第一行的第一个字符之间的距离。大多数文档都采用首行缩进的方式，缩进量为2个字符。

悬挂缩进：页面左侧与除了第一行的其他字符之间的距离。悬挂缩进方式一般用于一些较特殊的场合，如杂志、办刊等。

下面练习对文档中的段落设置"悬挂缩进：4字符"，具体操作步骤如下。

（1）打开需要编辑的文档，选中设置段落缩进的段落，然后单击"段落"组中的功能扩展按钮，如图8-70所示。

（2）弹出"段落"选项框，在"特殊格式"下拉选项框中选择"悬挂缩进"选项，在右侧的"磅值"框中设置缩进量，在本例中设置"4字符"，然后单击"确定"按钮，如图8-71所示。

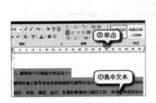

图8-70 选中文本

图8-71 设置悬挂缩进

（3）返回文档，可查看设置后的效果，如图8-72所示。

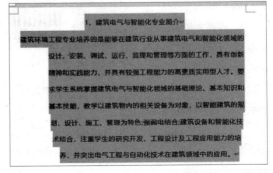

图8-72 设置悬挂缩进的效果图

3. 设置间距与行距

为了使整个文档看起来密集而有条理，可以为段落设置适当的间距或行距。间距是指两个相邻段落之间的距离，行距是指段落中各行之间的距离。设置文档中各段落的间距和行间距的具体步骤如下。

（1）打开要编辑的文档，选中要设置间距与行距的段落，然后单击"段落"组中的功能扩展按钮，如图8-70所示。选中要设置行距的段落后，单击"段落"组中的"行距"按钮，在弹出的下拉列表中也可选择行距的大小。

图8-73　设置间距

（2）在"段落"选项框，在"缩进和间距"选项框"间距"栏中，通过"段前"数值框可以设置段前距离，通过"段后"数值框可设置段后距离；在"行距"下拉列表框中可选择段落的行间距离的大小，这里选择"1.5倍行距"选项，设置完成后单击"确定"按钮，如图8-73所示。

（3）返回文档，设置后的效果如图8-74所示。

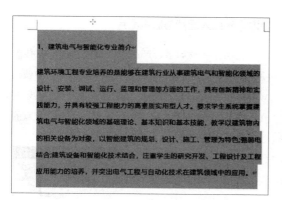

图8-74　设置后的效果图

4. 设置边框和底纹

在制作文档时，为了可以修饰和突出文档中的内容，可对标题或者一些重点的段落添加边框和底纹，具体操作步骤如下。

（1）打开需要编辑的文档，选中要设置边框和底纹效果的段落，在"段落"组中单击"边框"按钮右侧的下拉菜单中选择"边框和底纹"命令，如图8-75所示。

（2）弹出"边框和底纹"对话框，在"边框"选项卡中可以设置边框的样式、颜色和宽度等参数，如图8-76所示。

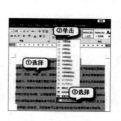

图8-75　选择文本　　　　图8-76　选择边框的样式、颜色和宽度

（3）切换到"底纹"选项卡，设置好底纹的颜色和样式，然后单击"确定"按钮，如图8-77所示。

（4）返回文档，可查看设置后的效果，如图8-78所示。

图8-77　选择底纹和样式　　　　图8-78　设置底纹的样式

8.6　文档的美化

对文档进行排版时，仅仅设置文本格式是不够的。如果要制作出一篇具有吸引力的精美文档，就需要在文档中插入自选图形、艺术字和图片等对象，从而实现图文混排，达到赏心悦目的美化效果。

8.6.1　插入自选图形和艺术字

为了使文档内容更加丰富，可以通过插入自选图形、艺术字等对象进行点缀，接下来就讲解这些对象的插入方法。

1. 插入自选图形

通过Word提供的"绘制图形"功能，可在文档中"画"出各种各样的形状，如线条、椭圆和旗帜等，具体操作步骤如下。

（1）打开需要编辑的文档，切换到"插入"选项卡，然后单击"插图"组中的"形状"下拉按钮，在弹出的下拉列表中选择需要的图形，如图8-79所示。

（2）单击"插图"组中的"形状"下拉按钮后，在弹出的下拉列表框中使用鼠标单击某个图形，在弹出的快捷菜单中选择"锁定绘图模式"命令，可连续使用该图形进行绘制。按"Esc"键可以退出绘图模式。

此时，鼠标呈十字状，在需要插入自选图形的位置按住鼠标左键不放，然后拖动鼠标进行绘制，当绘制到合适大小时释放鼠标即可，如图8-80所示。

图8-79　插入自选图形　　图8-80　插入自选图形效果图

（3）在"插入形状"选项框中，若单击"编辑形状"，则可改变自选图形的大小、样式等格式。

（4）在"形状样式"选项框中，可对自选图形编辑其内置样式，以及设置填充效果、轮廓样式及形状效果等。

（5）在"排列"选项框中，可对自选图形设置对齐方式、环绕方式、叠放次序及旋转方向等。如果选择多个图形，然后单击"组合"按钮，则可将它们组成一个整体。

（6）在"大小"选项框中，可对自选图形调整高度和宽度。若单击右下角的功能扩展按钮，则可在弹出的"布局"对话框中进行详细设置。

2. 插入艺术字

艺术字是具有特殊效果的文字，用来输入和编辑带有彩色、阴影和发光效果的文字，多用于广告宣传、

文档标题，以达到强烈、醒目的外观效果。在Word 2019中插入艺术字的具体操作步骤如下。

（1）打开需要编辑的文档，定好光标插入点，切换到"插入"选项卡，然后单击"文本"组中的"艺术字"下拉按钮，在弹出的下拉列表中选择需要的艺术字样式，如图8-81所示。

图8-81　插入艺术字

（2）文档中将出现一个艺术字文本框，此时可以直接输入艺术字内容。若要更改格式，则可先选中艺术字文本，切换到"开始"选项卡，然后在"字体"组和"段落"组中进行设置，更改格式后的效果如图8-82所示。

图8-82　输入艺术字内容

在Word 2019文档中插入艺术字后，可通过"绘图工具/格式"选项卡中的"插入形状""形状样式"等组对艺术字的格式进行设置，其操作方法与自选图形的设置方法相同。

8.6.2　插入图片与联机图片

在制作寻物启事、产品说明书以及公司宣传册等文档时，往往需要插图配合文字说明，这就要使用Word的"图片编辑"功能。通过该功能，我们可以制作出图文并茂的文档，从而给阅读者带来精美、直观的视觉冲击。

1. 插入图片

根据操作需要，还可以在文档中插入电脑中收藏的图片，以配合文档内

图8-83　插入图片

容或美化文档。下面是插入自选图片的具体操作步骤。

（1）打开需要编辑的文档，将光标插入点定位在需要插入图片的位置，切换到"插入"选项框，然后单

击"插图"组中的"图片",如图8-83所示。

（2）在弹出的"插入图片"选项框中选择需要插入的图片，然后单击"插入"按钮即可，如图8-84所示。

（3）在"插入图片"对话框中选择要插入的图片后，单击"插入"右侧的下拉按钮，然后在弹出的下拉菜单中选择插入方法。

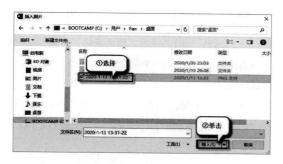

图8-84 选择图片

2. 插入联机图片

联机图片是Word 2019提供的通过搜索操作网络资源的图片，这些图片不仅内容丰富实用，而且涵盖了用户日常工作的各个领域。下面是插入联机图片的具体操作步骤。

（1）打开要编辑的文档，将光标插入点定位到需要插入联机图片的位置，切换到"插入"选项卡，单击"插图"组中的"联机图片"按钮，如图8-85所示。

（2）打开"联机图片"对话框，在搜索文本框中输入关键字"苹果"，然后单击"搜索"按钮。稍等片刻之后，将显示搜索出来的搜索结果，在其中选择想要插入的联机图片，然后单击"插入"按钮，即可将其插入文档，如图8-86所示。

图8-85 插入联机图片

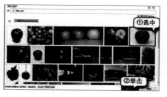

图8-86 搜索结果图

3. 编辑图片和联机图片

插入图片和联机图片后，"图片工具/格式"选项卡将显示在功能区中。通过此选项卡，可以为选定的在线图片或图片调整颜色，设置图片风格、环绕模式和其他格式。

（1）在"调整"组中，可删除联机图片或图片的背景，以及为联机图片或图片调整颜色的亮度、对比度、饱和度和色调等格式，甚至设置艺术效果。

（2）在"图片样式"组中，可为联机图片或图片应用内置样式，设置边框样式，设置阴影、映像和柔化边缘等效果，以及设置图片版式等格式。

（3）在"排列"组中可为联机图片或图片调整位置，设置环绕方式及旋转方式等格式。

（4）在"大小"组中，可对联机图片或图片进行调整大小和裁剪等操作。

8.6.3 插入SmartArt图形

SmartArt图形主要用于显示单位与公司部门之间的关系，并通过图形结构和文字描述有效地传达作者的观点和信息。Word 2019提供了各种样式的SmartArt图形，用户可以根据自己的需要选择适当的样式插入文档。具体的操作步骤如下。

（1）打开需要编辑的文档，将光标插入点定位到要插入SmartArt图形的位置，切换到"插入"选项卡，然后单击"插图"组中的"SmartArt"按钮，如图8-87所示。

图8-87 插入SmartArt图形

（2）弹出"选择SmartArt图形"对话框，在左侧列表框中选择图形类型，然后在右侧列表框中选择具体的图形布局，选择好后单击"确定"按钮，如图8-88所示。

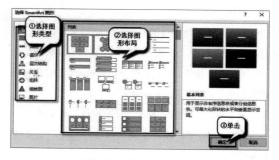

图8-88 选择SmartArt图形

（3）所选样式的SmartArt图形将插入文档，选中该图形，其四周会出现控制点，将鼠标指针指向这些控制点，当鼠标指针呈双向箭头时拖动鼠标可调整其大小。

（4）光标插入点定位在某个形状内，"文本"字样的占位符将自动删除，此时可以输入文本内容，如图8-89所示。

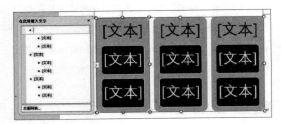

图8-89　输入内容

插入SmartArt图形后，功能选项卡中将显示两个选项卡"SmartArt工具/设计"和"SmartArt工具/格式"。通过这两个选项卡，可以编辑SmartArt图形的布局和样式。

8.7　加密文件

为了保护文档，可以设置文档的访问权限，以防止未经授权的人员访问文档；还可以设置文档的修改权限，以防止文档被恶意修改。

8.7.1　设置文档的访问权限

在日常工作中，很多文档都需要保密，并不是任何人都能够查看，此时可通过为文档设置密码保护文档，具体步骤如下。

（1）用密码进行加密。打开原始文件，在"文件"菜单中单击"信息"命令，在右侧的面板中单击"保护文档"按钮，在展开的下拉列表中单击"用密码进行加密"选项，如图8-90所示。

（2）输入密码。弹出"加密密码"对话框，在"密码"对话框中输入密码，单击"确定"，如图8-91所示。

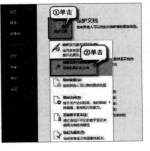

图8-90　用密码进行加密

图8-91　输入密码

（3）确认密码。弹出"确认密码"对话框，在"重新输入密码"对话框中输入密码，单击"确定"，如图8-92所示。

（4）查看权限。此时，在"保护文档"下方可以看见"必须提供密码才能打开此文档"，如图8-93所示。

图8-92　确认密码

图8-93　查看权限

8.7.2　设置文档的修改权限

当文档被其他用户查看的时候，为了防止他人对文档进行修改，也可以将文档设置为只读状态，具体步骤如下。

（1）打开原始文件，切换到"审阅"选项框，单击"保护"对话框中的"限制编辑"，如图8-94所示。

（2）启动牵制保护。打开"限制编辑"窗口，在"编辑限制"选项卡下，选择"仅允许在文档中进行此类型的编辑"选项框，设置编辑限制为"不允许为任何更改（只读）"，点击"是，启动强制保护"，如图8-95所示。

图8-94　查看文档的修改权限

图8-95　启动强制保护

（3）输入密码。弹出"启动强制保护"对话框，在"新密码"文本框中输入密码，在"确认新密码"文本框中再次输入密码，单击"确定"按钮，如图8-96所示。

（4）设置权限后的效果。此时，在"限制编辑"窗口中可以看见设置好的权限内容。当用户视图编辑文档时，可以发现无法编辑，如图8-97所示。

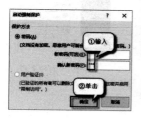 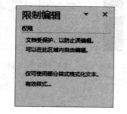

图8-96　输入密码　　图8-97　设置权限后的效果

8.8 打印文档

一篇高质量的文档不仅要求文字和段落的格式适当，而且还需要对文档的布局进行相应的设置，如页面设置、页眉与页脚设置等。对文档效果满意后，就可以将其打印出来。

8.8.1 页面设置

创建Word文档后，用户可以根据实际需要对页边距、纸张尺寸和纸张方向等进行设置。可以使用以下两种方法在Word 2019中设置页面。

1. 通过功能区设置

如果只是对文档的页面进行简单设置，则可切换到"布局"选项卡，然后在"页面设置"组中通过单击相应的按钮进行设置，如图8-98所示。

图8-98　简单设置文档页面

（1）页边距：文档内容与页面边缘的距离，用于控制页面中文档内容的宽度和高度。单击"页边距"按钮，选择页边距的大小可以在弹出的复选框中进行选择。

（2）纸张方向：默认情况下，纸张的方向为纵向，若要更改方向，则可点击"纸张方向"按钮，在弹出的下拉列表中进行选择。

（3）纸张大小：默认情况下，纸张的大小为"A4"，若要更改其大小，则可单击"纸张大小"，在弹出的下拉列表中选择。

2. 通过对话框设置

如果希望更详细地设置，则可通过"页面设置"对话框实现。在要进行页面设置的文档中切换到"布局"选项卡，然后单击"页面设置"组中的功能扩展按钮，就可以打开"页面设置"对话框。

（1）在"页边距"选项卡的"页边距"栏中，可自定义页边距的大小，以及设置装订线的大小和位置。在"纸张方向"栏中，可设置纸张的方向，如图8-99所示。

（2）在"纸张"选项卡中可选择纸张大小。如果希望自定义纸张大小，则可通过"宽度"和"高度"数值框分别设置纸张的宽度和高度。

图8-99　页面设置

（3）在"版式"选项卡，可设置页眉、页脚的相关参数，以及设置页面的垂直对齐方式等。

（4）在"文档网格"复选框的"文字排列"选项栏中，可设置文字的排列方向；在"网格"栏中选中某个单选项后，在下面可操作的数值框中可设置每页的行数、每行的字符数等。

8.8.2 打印文档

完成文档的编辑后，可以将文档打印出来以方便参考，并且将生成的文档的内容发送到纸张。在打印文档之前，你可以通过Word提供的"打印预览"功能查看输出效果，以避免由于各种错误而浪费纸张。

1. 打印预览

打印预览意味着用户可以在电脑屏幕上预览打印后的效果。如果你对文档的某些部分不满意，则可以返回到编辑状态以进行更改。

打印文档预览的操作方法是：打开要打印的Word文档，切换到"文件"选项卡，然后在窗口中选择"打印预览"命令，预览打印效果，如图8-100所示。

2. 打印输出

如果确定文档的内容和格式都正确无误，或者对各项设置都很满意，就可以开始打印文档了。

打印文档的操作方法为：打开需要打印的Word文档，单击"文件"选项栏，在左侧窗口选择"打印"命令，在中间窗格的"副本"数值框中设置打印份数，在"页数"文本框上方的下拉列表中设置打印范围。相关参数设置完成后单击"打印"按钮，与电脑连接的打印机会自动打印输出文档，如图8-101所示。

图8-100 预览打印的文档

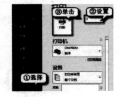

图8-101 打印文档

第 9 章 | Excel 2019 的基本操作

和Word相比，Excel在数据处理和分析方面的功能更加强大，并且这些功能对办公人员非常实用。Excel 2019操作界面由工作簿、工作表和单元格组成，因此Excel的基本操作主要是工作表和单元格的操作，用户还可以美化已完成的工作表。

9.1 认识Excel 2019

9.1.1 Excel的启动与退出

单击Excel工作表，即可启动Excel，如图9-1所示。

退出Excel可单击右上角的"×"按钮，如图9-2所示。

9.1.2 认识Excel界面

启动Excel 2019后即可进入操作界面，工作表主要包括单元格、编辑栏、行号和列标，如图9-3所示。

图9-1 启动Excel

图9-2 关闭Excel

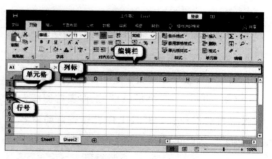
图9-3 Excel界面

（1）单元格是工作表编辑区中的矩形小方格，是组成Excel表格的基本单位，用于显示和存储用户输入的所有内容。

（2）工作表编辑区的正上方是编辑栏，显示的是当前正在编辑的单元格内的公式或者数据。编辑栏由三部分组成，从左到右依次为单元格名称框、按钮组和编辑框。

（3）单元格名称框用于显示当前单元格的名称。该名称由大写英文字母和数字两部分组成，大写英文字母表示该单元格的列标，数字表示该单元格行号。

（4）编辑框用于显示单元格中输入的内容，将光标插入点定位在编辑框中，还可对当前单元格的数据进行修改和删除等操作。

（5）在工作表编辑区左侧显示的阿拉伯数字是行号，上方显示的大写英文字母是列标，通过它们可确定单元格的位置。

9.2 Excel 2019工作簿的基本操作

用户输入和编辑数据的载体是工作簿，同样也是用户的主要操作对象。用户在工作簿中存储或处理数据前，应该对工作簿的基本操作有所了解，如为了便于记忆和查找，可对工作簿进行重命名或更改工作簿标签颜色；当默认的工作表数量不够使用的时候，可以在工作簿中插入新的工作表。

9.2.1 插入工作表

新建的工作簿包含的工作表数量有限，当用户需要更多的工作表时就需要插入新的工作表。插入新工作表的方法多种多样，用户既可利用"插入"对话框选取不同类型的工作表，也可以利用"开始"选项卡下的"插入"按钮，或者利用"新工作表"按钮快速插入空白工作表。

（1）单击"新工作表"按钮，打开原始文件，在"员工考勤表"右侧单击"新工作表"按钮，如图9-4所示。

（2）此时，在"Sheet1"工作表右侧插入了一张空白的工作表，并且工作表标签自动命名为"Sheet2"，如图9-5所示。

图9-4 新建工作表

图9-5 插入新工作表效果图

在Excel 2019中，可以修改新建的工作簿里工作表的数量。单击"文件"按钮，在弹出的视图菜单中单击"选项"命令，打开"Excel选项"对话框，在"常规"选项面板的"新建工作簿"选项组中，可以根据默认设置满足实际需求，例如工作表数量。

9.2.2 重命名工作表

在插入或新建工作表时，系统会将工作表以"Sheet+n"（n=1、2、3……）的形式命名，但在实际工作中，这种命名方式不利于查找和记忆，所以用户可以根据工作表的内容重命名工作表，使其更加方便查找和记忆。

（1）打开原始文件，用户可根据员工考勤表，在Sheet2中完成对本月员工工资的结算，右击"Sheet2"工作表标签，在弹出的快捷菜单中单击"重命名"，如图9-6所示。

（2）此时"Sheet2"工作表标签呈灰底，处于可编辑状态，如图9-7所示。

（3）将"Sheet2"工作表标签命名为"本月员工工资结算表"，如图9-8所示。

图9-7 编辑工作表名称

图9-6 重命名工作表　　图9-8 重命名后效果图

9.2.3 删除工作表

在实际工作中，当用户不再需要使用某一张工作表时，可将其删除。当需要删除多张工作表时，可按住"Ctrl"键依次单击需要删除的多张工作表标签，再执行删除操作。删除工作表的操作既可利用快捷菜单，也可利用功能区按钮完成。

删除工作表的方法有很多，其中最快捷、最简单的方法是使用快捷菜单。选择要删除的工作表的标签，然后右键单击该标签，然后在拖动快捷方式中选择"删除"命令。

（1）选择需要删除的工作表。打开原始文件，这里需要将工作表删除，选中"Sheet1"工作表标签，在"开始"选项卡下的"单元格"组中点击"删除"右侧的下拉按钮，在展开的列表中单击"删除工作表"选项，如图9-9所示。

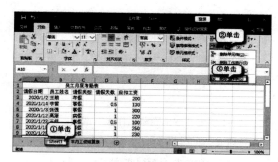

图9-9 选择需要删除的工作表

（2）确定删除。弹出对话框，提示将永久删除工作表，单击"删除"，如图9-10所示。

（3）删除工作表的效果。此时，"Sheet1"就被删除了，只剩下了"员工工资结算表"，如图9-11所示。

图9-10 确定删除工作表　　图9-11 删除工作表效果图

9.2.4 移动和复制工作表

用户可以随意移动工作表以调整工作表的顺序，但是移动后，原始位置的工作表就不见了。如果用户要在移动工作表后保留上一个工作表，则可以复制该工作表。可以使用直接拖动方法或使用对话框移动或复制工作表。此外，移动和复制工作表不仅可以在同一个工作簿中进行，还可以在不同工作簿中进行，并且用对话框完成操作更加方便。

（1）单击"移动或复制"命令。打开原始文件，右击"本月员工工资结算表"工作表标签，在弹出的快捷菜单中单击"移动或复制"命令，如图9-12所示。

图9-12 移动或复制工作表　　图9-13 移动或复制工作表

（2）移动或复制工作表的目标位置。弹出"移动或复制工作表"对话框。在"下列选定工作表之前"列表中，选择移动或复制后的位置。单击此处的"移至最后"选项，然后选中"创建副本"选项框。复制工作表，单击"确定"按钮，如图9-13所示。

（3）复制工作表后的效果。此时，系统会将复制后的工作表以"本月员工工资结算表（2）"命名，并且复制后的工作表位于"本月员工工资结算表"之后，如图9-14所示。

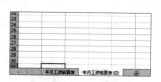

图9-14 复制工作表效果

通过拖动方法移动工作表的方法：在需要移动的工作表标签上按住鼠标左键，然后水平拖动。此时，黑色的倒三角形将显示在标签的左端。当拖动到适当的位置时，释放鼠标，可以将工作表移动到指定的位置。通过拖动直接复制工作表时，按住"Ctrl"键以执行相同的操作。此外，在同一工作簿中移动或复制工作表时，用户不需要在"工作簿"列表框中选择目标工作簿，但是如果用户需要将工作表移动或复制到另一个工作簿，则在"选择"中选择相应的工作簿，"复制工作簿"对话框中的"将选定的工作表移动到工作簿"列表中。在继续之前，请确保工作簿已打开。

在浏览大型工作表时，用户一定遇到过滚动工作表时标题栏字段或标题列字段随着滚动条的下移或右拖而不见的情况；如果它们始终固定在某个位置上显示，会极大方便用户查询后面的数据。在Excel中，可以通过冻结工作表窗格实现。单击"视图"选项卡下的"冻结窗格"按钮，然后选择冻结第一行、第一列或冻结拆分窗格的选项，以实现相应的效果。

9.2.5 更改工作表标签颜色

当一个工作簿中包含多张工作表时，用颜色突出显示工作表标签颜色可以帮助用户迅速找到所需的工作表。

（1）设置工作表标签的颜色。打开原始文件，鼠标单击"工资汇总"工作表标签，在弹出的快捷菜单中单击"工作表标签颜色→其他颜色"命令,如图9-15所示。

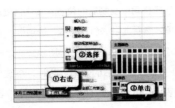

图9-15　更改标签颜色

（2）选择颜色。弹出"颜色"选项卡,切换至"标准"复选框,选择标签颜色,单击"确定",如图9-16所示。

图9-16　选择颜色

（3）更改工作表标签颜色后的效果。返回到工作表中,此时"工资汇总"工作表标签就变为了相应的颜色,如图9-17所示。

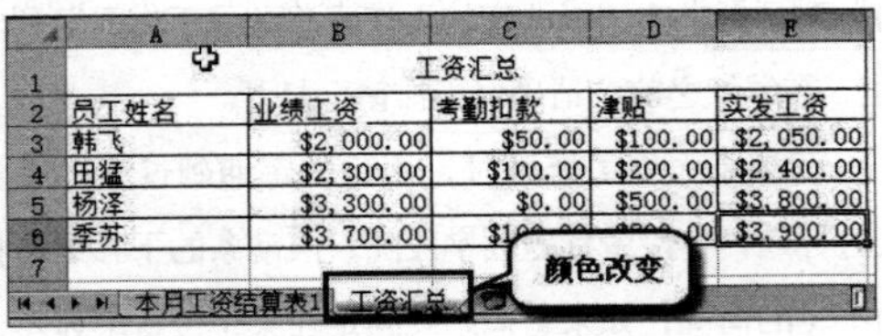

	A	B	C	D	E
1		工资汇总			
2	员工姓名	业绩工资	考勤扣款	津贴	实发工资
3	韩飞	$2,000.00	$50.00	$100.00	$2,050.00
4	田猛	$2,300.00	$100.00	$200.00	$2,400.00
5	杨泽	$3,300.00	$0.00	$500.00	$3,800.00
6	季苏	$3,700.00	$100.00		$3,900.00
7				颜色改变	

图9-17　更改标签颜色效果图

9.2.6　隐藏与显示工作表

当用户不希望某一项工作表被其他用户查看或者编辑时,可将该工作表隐藏起来;当用户需要查看或编辑隐藏的工作表时,可再将其显示出来。

除了隐藏工作表之外,用户还可以隐藏工作表中的列或行。只需选择需要隐藏的列或行,单击鼠标右键,然后在出现的快捷菜单中单击"隐藏"命令,该行就隐藏了。要想恢复显示,只需反转操作。

（1）单击"隐藏"命令。打开原始文件,右击"本月工资结算表"工作表标签,在弹出的快捷菜单中单击"隐藏"命令,如图9-18所示。

（2）隐藏工作表后的效果。此时,工作表已经不可见,工作簿窗口只显示了未隐藏的工作表标签,如图9-19所示。

（3）单击"取消隐藏工作表"选项。单击"开始"选项卡"单元格"组中的"格式"下拉菜单,在展开的下拉菜单中单击"隐藏和取消隐藏"选项卡,继续在展开的下级列表中单击"取消隐藏工作表"选项,如图9-20所示。

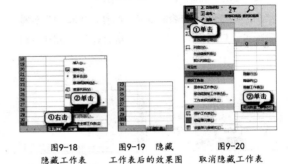

图9-18　　图9-19　隐藏　　图9-20
隐藏工作表　工作表后的效果图　取消隐藏工作表

（4）选择需要取消隐藏的工作表。弹出"取消隐藏"对话框,在"取消隐藏工作表"列表框中单击想要取消隐藏的工作表,如"本月考勤表",单击"确定",如图9-21所示。

（5）取消隐藏工作表后的效果。此时,隐藏的工作表"本月考勤表"就显示出来了,如图9-22所示。

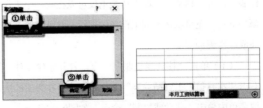

图9-21　确认取消隐藏工作表　　图9-22　取消隐藏效果图

使用功能区或右键菜单的隐藏命令,只能暂时隐藏工作表;想要彻底隐藏工作表,必须在需要隐藏的工作表中按"Alt+F11"组合键进入VBA编辑状态,按"F4"键展开"属性"窗格,单击Visible选项右侧的下拉按钮,在展开的下拉列表中单击"2-xlSheetVeryHidden"选项,再在菜单栏中依次单击"工具→VBAProject属性"命令,在弹出的对话框中切换至"保护"选项卡,勾选"查看时锁定工程"复选框,并输入密码,再单击"确定"按钮即可。

9.3 单元格的基本操作

数据输入的最小单位是由工作表中的每一行和每一列构成的单元格。用户在制作、完善、美化表格的过程中,会插入、删除、合并单元格,调整行高、列宽,这些都是单元格的基本操作。

9.3.1 插入单元格

在编辑表格时,常常需要在指定的位置插入一些单元格以便输入新的数据,使表格变得更加完善。

(1)单击"插入"单元格选项。打开原始文件,选中目标单元格,如单元格D1,在"单元格"组中单击"插入"右侧的下拉按钮,在展开的下拉列表中单击"插入单元格"选项,如图9-23所示。

图9-23 插入单元格选项窗口

(2)选择插入位置。弹出"插入"复选框,单击选中"活动单元格右移",单击"确定"按钮,如图9-24所示。

(3)插入单元格后的效果。单元格D1右侧的全部内容都向右移动了一个单元格,此时的D1单元格为一个空白的单元格,如图9-25所示。

图9-24 "插入"
选项卡窗口

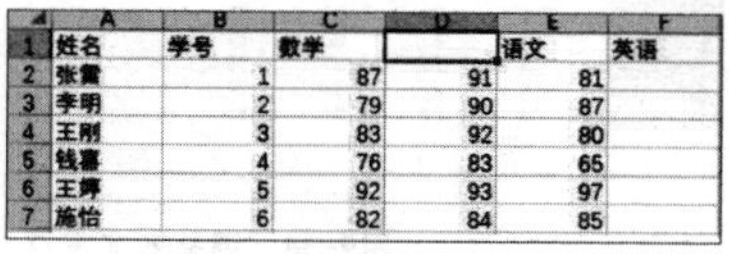

图9-25 插入单元格效果图

9.3.2 删除单元格

当表格中出现一些多余的单元格式,可以将这些单元格删除,这项操作可以通过功能区完成,也能够通过快捷菜单操作完成。

(1)单击"删除"命令。打开原始文件,选择并右击D1单元格,在弹出的快捷菜单中单击"删除"命令,如图9-26所示。

(2)选择删除方式。弹出"删除"复选框,单击"右侧单元格左移",然后单击"确定"按钮,如图9-27所示。

(3)删除单元格后的效果。所选的单元格区域就被删除了,而其右侧的单元格向左移动,如图9-28所示。

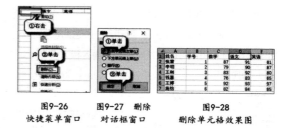

图9-26   图9-27 删除   图9-28
快捷菜单窗口   对话框窗口   删除单元格效果图

9.3.3 合并单元格

当一个单元格不能容纳长文本或数据时,可以将同一行或同一列中的多个单元格合并为一个单元格。Excel提供了三种合并方式,即"合并后居中""跨越合并"和"合并单元格",不同的合并方法可以实现不同的合并效果。

(1)单击"合并后居中"选项。打开文件,选择要合并的区域,A1:E1,在"对齐方式"组中单击"合并后居中"右侧的下拉按钮,在展开的列表中单击"合并后居中"选项,如图9-29所示。

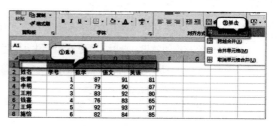

图9-29 合并后居中单元格

（2）合并后的效果。此时单元格区域A1:E1就合并为一个单元格，其中的文本呈居中的显示，如图9-30所示。

图9-30 合并后的效果图

9.3.4 添加和删除行与列

用户在完善表格的时候，可以在已有表格的指定位置添加一行或一列，如果工作表中存在多余的行或列，则可以将其删除。

（1）单击"插入"命令。打开原始文件，选择要插入行的位置，右击鼠标，在弹出的快捷菜单中单击"插入"命令，如图9-31所示。

（2）插入整行的效果。此时，在所选的位置插入了新的一行，用户可以在新的一行中输入相关内容，如图9-32所示。

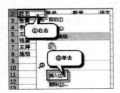

图9-31 单元格右击窗口 　　图9-32 插入整行的效果图

（3）单击"删除工作表行"选项。此时，选择要删除的行，例如第二行，单击"单元格"组中"删除"右侧的下拉按钮，然后在展开的下拉菜单中单击"删除工作表行"，如图9-33所示。

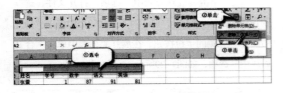

图9-33 删除工作表行窗口

（4）删除整行的效果。此时，所选行就消失了，而其下方的内容会自动上移一行，如图9-34所示。

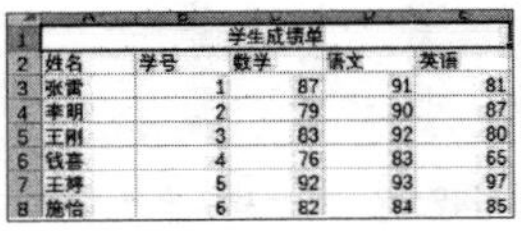

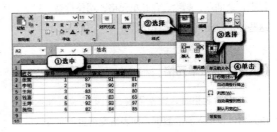

图9-34 删除工作表行效果图

9.3.5 调整行高和列宽

当单元格中的数据或文本较长时，用户可以通过设置行高或列宽美化工作表。行高和列宽可以精确设置或通过拖动鼠标设置，也可以根据单元格的内容自动调整。

（1）单击"行高"选项。打开原文件，选择需要调整行高的单元格，如A1:E1，在"开始"选项卡中单击"单元格"组中的"格式"按钮，在展开的下拉列表中单击"行高"选项，如图9-35所示。

图9-35 调整行高窗口

（2）输入行高值。弹出"行高"选项卡，在"行高"文本框中输入需要的行高数值，如20，单击"确定"按钮，如图9-36所示。

（3）调整行高后的效果。返回到工作表中，所选单元格的行高已经调整为用户设置的行高，如图9-37所示。

图9-36 输入行高窗口　　图9-37 调整行高效果图

（4）调整列宽。选择需调整列宽的单元格，如A1:A8，单击"单元格"组中的"格式"按钮，在展开的下拉列表中单击"列宽"选项，然后输入列宽数值，如图9-38所示。

图9-38 调整列宽窗口

（5）调整列宽后的效果。返回工作表中，就会看到调整完列宽后的工作表，如图9-39所示。

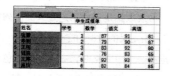

图9-39　调整列宽后的效果图

单元格中文本内容太长，想要换行显示，有两种方法可以实现：一种是在"对齐方式"组中单击"自动换行"按钮，可以显示超出单元格的内容；另一种是强制换行，将光标定位在需要换行的文本前，按"Alt+Enter"组合键，光标后的文本便会强制换到下一行显示。

9.3.6　添加边框和底纹

对表格进行美化操作时，除了设置数据格式之外，还可以为其设置边框和背景，使整个表格更具有层次感。

1. 设置单元格边框

默认情况下，工作表的网格显示灰色。为了使工作表更加美观，在制作表格时，用户通常都可以为其添加一个边框。

（1）打开工作簿，选择需要添加边框的单元格区域，然后在"开始"选项卡的"字体"组中单击"边框"按钮右侧的下拉按钮，在弹出的下拉菜单中选择"其他边框"命令，如图9-40所示。

（2）弹出"设置单元格格式"对话框，并自动定位到"边框"选项卡，在"样式"列表框中选择边框颜色，然后单击"预置"栏中的"外边框"按钮，为表格添加新的外边框，如图9-41所示。

图9-40　添加边框窗口

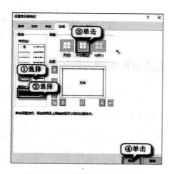

图9-41　设置单元格外边框格式窗口

（3）返回工作表，即可查看添加单元格边框后的效果，如图9-42所示。

2. 设置单元格底纹

默认情况下，工作表的单元格为白色。为了美化表格或者突出单元格的内容，有时用户需要为单元格设置底纹。

设置单元格底纹的方法为：首先选中需要设置底纹的单元格区域，在"开始"选项卡的"字体"组中单击"填充颜色"按钮右侧的下拉按钮，在弹出的下拉列表框中选择需要的颜色，如图9-43所示。

图9-42　添加单元格边框的效果图　图9-43　设置表格底纹窗口

9.4　输入与编辑内容

在Excel中可以对数字、时间和日期以及文本等数据进行各种操作，在执行这些操作前必须把这些数据输入到Excel的单元格中。

9.4.1　普通输入

1. 输入文字

输入文字可以直接在单元格内进行，也可以在编辑栏中进行，操作步骤如下。

（1）选定要输入数据的单元格，如选定A1单元格，双击A1单元格将其激活，如图9-44所示。

（2）输入"龙信置业"4个字，如图9-45所示。

（3）按"Enter"键可以转到其正下方的一个单元格。想要选择刚刚单元格正右方的单元格可以按"Tab"键。如果仍想让刚才编辑过的单元格保持激活状态，则在输入完数据的时候单击"√"按钮即可，如图9-46所示。

图9-44　双击激活单元格　　图9-45　单元格内输入文字　　图9-46　激活刚才编辑过的单元格

（4）若要更改单元格的数据内容，则可以双击需要更改数据的单元格直接进行更改；也可以选中需要更改数据的单元格，然后在"编辑栏"中进行更改，如图9-47所示。

用户可以使用Excel中的快捷键进行操作，例如，选择需要更改数据的单元格，然后按"F2"键进入编辑状态。"F2"键在Windows系统中具有重命名的作用。熟练使用快捷键可以大大地提高工作效率。

2. 输入正数

除了基本的数据输入方法外，针对不同的数据还可以使用不同的输入方法，输入整数的方式如下。

（1）选中A1单元格，输入数据"+2020"，如图9-48所示。

图9-47　编辑栏的位置　　　图9-48　输入正数

（2）按"Enter"键，显示如图9-49所示，所以不必在输入的正数前添加一个"+"号。

3. 输入分数

如果是不能转换为日期的分数，如"13/15"，直接输入分数并按"Enter"键即可，如图9-50所示。

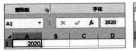 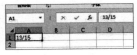

图9-49　输入带"+"　　　图9-50　能够直
号数的显示结果　　　接输入的分数

如果是可以转换为日期的分数，则需要按照下面的方法进行输入，否则就会输入错误。

可以通过在输入的分数前加一个"0"和一个空格的方式将输入的分数变为可以转换为日期的分数。

（1）选中A1空格，输入数据"01/10"，如图9-51所示。

（2）按"Enter"键，显示结果如图9-52所示。

图9-51　输入数字　　　图9-52　输入结果显示

9.4.2　自动填充

使用Excel的自动填充功能，可以方便快捷地输入常规数据。常规数据是指由用户定义的序列填充的等差、等比和系统定义的数据的序列。

当你选择一个单元格时，右下角的黑色小方块是填充手柄。当鼠标指针指向填充手柄时，鼠标指针将变为黑色加号。

（1）首先选定A1单元格，输入"龙信置业"文本。将鼠标指向该单元格右下角的填充柄，如图9-53所示。

（2）拖拽指针至A6单元格，填充结果如图9-54所示。

图9-53　填充柄窗口　　　图9-54　填充效果图

使用填充手柄填充有顺序的常规数据，例如等差序列或等比序列。首先选择序列的第一个单元格并输入数据，然后在序列的第二个单元格中输入数据，然后使用填充手柄进行填充，前两个单元格的内容之差为步长。

填充等差序列的操作步骤如下。

（1）在A1和A2单元格分别输入"20200101"和"20200102"文本，如图9-55所示。

（2）拖拽鼠标选中A1和A2单元格，将鼠标指针指向被选中区域右下角的填充柄，向下拖拽至A8单元格，即可完成等差数列的填充，如图9-56所示。

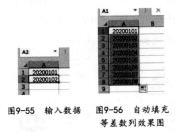

图9-55　输入数据　　图9-56　自动填充
等差数列效果图

9.4.3　编辑内容的格式

字体格式是设置单元格首先要考虑的问题。在Excel 2019中，用户可以对字体进行格式化。字体的格式主要包括字体、字号、颜色以及背景图案的选择。

"开始"选项卡的"字体"组中包含了常用的字体格式化命令，如图9-57所示。

（1）选中要改变字体的单元格或者单元格区域，如A2:E2。若要改变字体，则单击"字体"组中"字体"右侧的下三角按钮，打开字体表，从中选择需要的字体即可，如图9-58所示。

图9-61　插入图片窗口

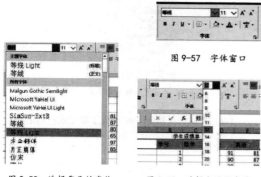

图9-57　字体窗口

图9-58　选择需要的字体　　图9-59　选择合适的字号

（2）若要改变字号，则单击"字体"组中"字号"右侧的下三角按钮，打开下拉列表，从中选择需要的字号，也可以在"字号"组合框里手动输入一个磅值，如图9-59所示。

（3）若要为字体添加粗体、斜体或下划线等效果，只需要单击"开始"选项卡"字体"组中相应的按钮即可，如图9-60所示。

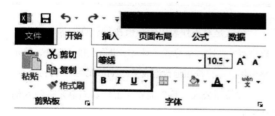

图9-60　选择字体特殊效果

9.5　插入图片

在工作表中插入图片可以使工作表图文并茂。

9.5.1　插入图片

（1）选定要插入图片的单元格，如A1单元格，在功能区"插入"选项卡的"插图"组中单击"图片"按钮，如图9-61所示。

（2）弹出"插入图片"选项框，在中间的列表框中选择要插入的图片，单击"插入"，即可插入图片，如图9-62所示。

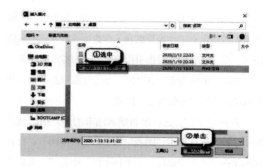

图9-62　插入图片窗口

9.5.2　设置图片的格式

利用"格式"选项卡，用户可以轻松设置图片的格式。当选中所插入的图片时，在功能区出现"图片工具"→"格式"选项卡，其中包括"调整""图片样式""排列""辅助功能"和"大小"5个组，如图9-63和图9-64所示。

图9-63　调整和图片样式窗口

图9-64　其他功能窗口

以"调整"组的功能为例，利用"调整"组可以重新选择图片，更改图片的亮度和对比度，对图片重新着色或者进行压缩，还可以放弃对图片的调整，恢复原状，如图9-65所示。

图9-65　调整窗口

9.6 插入图表

图表是用图形表示表格中的数据。图表可以直观地反映工作表中数据之间的关系，并且可以轻松地比较和分析数据。用图形表示数据可以使表达结果更加清晰、直观，从而为使用数据提供了便利。

Excel中有数十种图表，包括柱形图、折线图、饼图、条形图、面积图、散点图、表面图和雷达图。

9.6.1 插入图表

Excel 2019可以创建嵌入式图表和工作表图表。嵌入式图表是带有工作表数据和工作数据或嵌入式图表的图表，而工作表图表是指引用单个图表的特定工作表。

Excel 2019功能区中包含了大部分常用的命令，使用功能区也可以方便地创建图表。

打开原文件，选择准备插入图表的单元格区域。单击"插入"选项卡"图表"组中的"柱形图"，在弹出的下拉列表框中选择"二维柱形图"中的"二维簇状柱形图"，如图9-66所示。

图9-66 柱形图窗口

在工作表中创建的柱形图表，如图9-67所示。

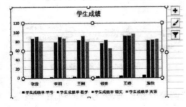

图9-67 柱形图效果图

9.6.2 设置图表的格式

设置图表的格式方法如下。

（1）直接在图表中单击要设置格式的图表元素或者选中图表，在"图表工具"→"设计"选项卡，可以添加填充、边框，如图9-68所示。

图9-68 "设置数据系列格式"窗口

（2）图9-69是对图9-67设置了渐变填充后的灰度显示效果。

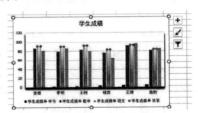

图9-69 设置完填充后的图表效果图

9.7 计算表格数据

公式是对工作表中的数值执行计算的等式，也可以进行一些比较运算或者对文字进行连接。常量、单元格引用、运算符和函数组成了Excel单元格中的公式。

要使用公式，首先需要在工作表的单元格输入相应的公式。

9.7.1 使用公式计算

在单元格中输入公式的方法可分为手动输入和单击输入等。

手动输入的方法是首先在单元格中输入"="，并输入公式"2+6"。输入时字符会同时出现在单元格和编辑栏中，按"Enter"键后单元格会显示运算结果"8"。

单击输入公式更方便、快捷。例如，在单元格C1中输入公式"=A1+B1"，可以按照以下的步骤进行单击输入。

（1）分别在A1和B1中输入"2"和"6"，选中C1，在单元格中输入"="，如图9-70所示。

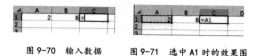

图9-70 输入数据　　图9-71 选中A1时的效果图

（2）单击A1单元格，A1单元格的边框就会变为蓝色边框，同时单元格引用会出现在单元格C1和编辑栏中，如图9-71所示。

（3）输入加号，单击B1单元格，B1单元格的虚线边框会变成红色边框，如图9-72所示。

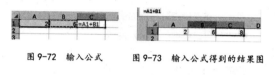

图9-72 输入公式　　图9-73 输入公式得到的结果图

（4）按"Enter"键后效果如图9-73所示。

9.7.2 编辑与审核公式

输入公式后，可根据需要对公式进行调整。

1. 修改公式

如果要修改公式，就要进入编辑公式状态。进入编辑公式状态有三种方法。

打开原文件，修改F3单元格的公式，双击要修改的F3单元格，直接进行修改；或选定要编辑的F3单元格，然后双击编辑栏，在编辑栏中进行修改；或选定F3单元格，按"F2"键进入编辑状态，进行修改，如图9-74所示。

图9-74 选中想要修改的公式　　图9-75 点击复制

2. 复制或移动公式

可以通过剪切和粘贴操作移动公式，或者通过复制和粘贴操作复制公式。

（1）选中要复制或移动公式的单元格，单击鼠标右键，在弹出的快捷菜单中选择"复制"命令，如图

9-75所示。

（2）单击功能区"开始"选项卡的"剪贴板"组中"粘贴"按钮下方的下三角形按钮，打开下拉菜单，如图9-76所示。

图9-76 粘贴窗口　　图9-77 公式审核窗口

（3）如果要粘贴公式和单元格的所有格式，则可以单击功能区"开始"选项卡的"剪贴板"组中的"粘贴"按钮。如果只想粘贴功能区的"开始"选项卡中的"剪辑"公式，则在"面板"组中，单击"粘贴"按钮下方的下三角形按钮以打开下拉列表，然后选择"公式"选项。

在功能区"开始"选项卡的"剪贴板"中单击"粘贴"按钮下方的下三角形按钮，打开下拉列表，在其中选择"选择性粘贴"对话框，可以选择不同的粘贴方式。比如，只粘贴该公式的计算结果，则选中"数值"单选按钮。

3. 审核公式

利用Excel提供的审核功能，可以很方便地检查工作表中设计公式的单元格之间的关系，如图9-77所示。

（1）追踪单元格：当公式使用参考单元格或从属单元格时，可能很难检查公式的准确性或进一步查找错误，但Excel提供了有助于检查公式的函数。用户可以使用"跟踪引用单元格"和"跟踪下级从属单元格"命令跟踪箭头显示或跟踪单元格之间的关系。

（2）引用单元格：被其他单元格公式所引用的单元格。例如F3单元格包含公式"AVERAGE（C3:E3）"，那么C3、D3、E3单元格是F3单元格的引用单元格。

（3）从属单元格：引用了其他单元格的单元格。例如，如果F3单元格包含公式"=AVERAGE（C3:E3）"，那么F3单元格就是C3、D3、E3单元格的从属单元格。

（4）追踪箭头：该箭头显示当前选中的单元格与其相关单元格之间的关系。由提供数据的单元格指向其

他单元格时，追踪箭头为蓝色；如果单元格中包含错误值，如"#DI/0！"，追踪箭头则为红色。

下面举例说明使用"追踪引用单元格"和"追踪从属单元格"命令的方法。

（1）打开原文件，分别在A1、B1单元格中输入"20"和"21"，在C1单元格中输入公式"=A1+B1"，如图9-78所示。

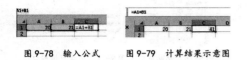

图9-78 输入公式　　图9-79 计算结果示意图

（2）单击编辑栏中的"输入"按钮，且保证C1单元格处于选中状态，如图9-79所示。

（3）在Excel功能区"公式"选项框上的"公式审核"选项组中单击"追踪引用单元格"，如图9-80和图9-81所示。

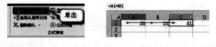

图9-80 追踪引用单元格　图9-81 追踪引用单元格效果示意图

（4）在C1中按"Ctrl+C"组合键，在D1中按"Ctrl+V"组合键完成复制。选中C1，单击"公式"选项卡上的"公式审核"组中的"追踪从属单元格"，如图9-82所示。

图9-82 复制公式示意图　图9-83 删除箭头窗口

（5）要移去工作表上所有的追踪箭头，在"公式"选项卡的"公式审核"组中单击"移去箭头"按钮，或单击"移去箭头"按钮右侧的下三角按钮，打开下拉列表，根据需要选择移去箭头的不同方式，如图9-83所示。

4. 错误检查

（1）打开原文件，在A1单元格输入"20"，如图9-84所示。

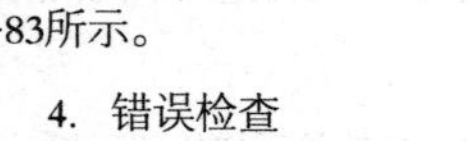

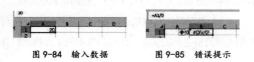

图9-84 输入数据　　图9-85 错误提示

（2）选中B1单元格，输入"＝A1/0"，按"Enter"键，如图9-85所示。

（3）在B1单元格左上角会出现一个绿色的小三角。选中B1单元格，左侧出现感叹号图表。指向该图标时，图标变成感叹号，单击下三角按钮，打开下拉列表，提示该错误是由"被零除"引起的，如图9-86所示。

（4）根据自己的需要进行选择，如果选择"忽略错误"选项，则该单元格左上角的绿色小三角消失，如图9-87所示。

（5）在功能区"公式"选项卡上的"公式审核"组中单击"错误检查"右侧的倒三角按钮，通过打开下拉列表进行错误检查，如图9-88所示。

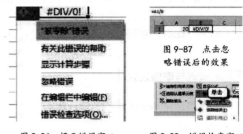

图9-87 点击忽略错误后的效果

图9-86 提示错误窗口　　图9-88 错误检查窗口

（6）单击"错误检查"选项，弹出"错误检查"对话框。从该对话框中可以看到单元格含有的错误公式及错误提示。如果有多个错误，则单击"下一个"完成检查。

9.7.3 使用函数计算

（1）打开原文件，选中F3单元格，单击功能区"公式"选项卡上的"插入函数"，或者单击编辑栏左侧的"插入函数"，弹出"输入函数"对话框，如图9-89和图9-90所示。

图9-89 选中单元格单击"插入函数"

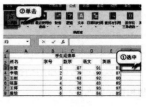

图9-90 "插入函数"窗口

（2）在"或选择类别"下拉列表中选择"常用函数"函数类别，在"选择函数"复选框中选择"AVERAGE"函数，单击"确定"按钮，弹出"函数参考"对话框，如图9-91所示。

图9-91 函数参数窗口

（3）在"Number1"折叠框中显示的是要计算求和的单元格区域，此处不需要更改，Excel会自动选择B3:D3，单击"确定"按钮，即可完成求和的操作，如图9-92所示。

图9-92 计算结果效果图

（4）将鼠标指针指向单元格F3右下角的填充手柄。当鼠标指针变成黑色的小加号时，按住鼠标左键并将其拖动到单元格F8中，以完成该区域的数据求和操作，如图9-93所示。

图9-93 拖拽效果示意图

9.8 管理表格数据

Excel可用于轻松管理和分析数据，并且可以对数据进行排序和筛选。

9.8.1 数据的排序

对于Excel工作表和表格中的数据，不同的用户因其关注方面的不同，可能需要对这些数据进行不同的排列。这时可以使用Excel的数据排序功能对数据进行分析。

按一列排序就是依据某列的数据规则对数据进行排序，具体操作如下。

（1）打开原文件，选中需要排序的所在列的任一单元格，如"平均分"中的任一单元格，如图9-94所示。

图9-94 选中单元格

（2）要想快速实现排序要求，可以通过单击"数据"选项卡下"排序和筛选"组中的"升序"或"降序"。这里我们选择单击"升序"，如图9-95所示。

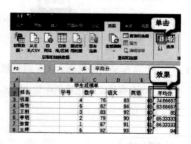

图9-95 点击"升序"效果图

9.8.2 数据的筛选

在数据清单中，如果用户要查看一些特定数据，就需要对数据清单进行筛选，符合条件的数据会显示出来，不符合条件的数据会隐藏。

1. 自动筛选

使用自动筛选功能的具体操作步骤如下。

（1）打开原文件，单击任意一个单元格，如A2单元格，如图9-96所示。

图 9-96 选中 A2 单元格 　　图 9-97 排序和
　　　　　　　　　　　　　　　　　筛选窗口

（2）单击"数据"选项卡下"排序和筛选"组中的"筛选"按钮，如图9-97所示。

（3）此时，工作表第二行的列标题显示为下拉列表形式，如图9-98所示。

图 9-98 下拉列表

（4）单击要设置筛选条件的列右侧的下拉箭头，如单击"数学"列右侧的下拉按钮，在弹出的下拉菜单中选择"数据筛选"→"大于"选项，如图9-99所示。

图 9-99 下拉列表窗口

（5）弹出"自定义自动筛选方式"对话框，选择"大于"选项，在右侧的文本选择框中输入"85"，单击"确定"按钮，如图9-100所示。

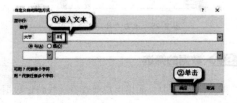

图 9-100 自定义自动筛选方式窗口

（6）返回工作表，可以看到不满足的行已经被隐藏，如图9-101所示。

图 9-101 筛选后的效果图

（7）此时"数学"右侧的下拉箭头变为倒喇叭形。单击该按钮，在出现的下拉菜单中选择"从'数学'中清除筛选"菜单项，即可恢复所有行的显示，如图9-102所示。

图 9-102 "数学"右侧下拉按钮窗口 　图 9-103 单击筛选
　　　　　　　　　　　　　　　　　　　　按钮即可取消筛选

（8）如果要退出自动筛选，再次单击"数据"选项卡"排序和筛选"选项组中的"筛选"按钮即可，如图9-103所示。

需要注意的是，选择过滤的单元格范围执行自动过滤命令。否则，Excel 2019将过滤工作表中的所有数据。

2. 高级筛选

首先选择筛选的单元格范围，执行自动筛选命令，Excel 2019将自动筛选选定单元格范围的数据。否则，将筛选工作表中的所有数据。

进行高级筛选的步骤如下。

（1）打开原文件，在D10单元格输入"语文"，在D11单元格输入"＞85"，如图9-104所示。

图 9-104 书写示意图

（2）任选一个单元格，单击"数据"选项卡下"排序和筛选"选项组中的"高级"按钮，如图9-105所示。

图 9-105　"排序与筛选"窗口　　图 9-106　"高级筛选"窗口

（3）弹出"高级筛选"对话框，分别单击"列表区域"和"条件区域"文本框右侧的"折叠"按钮，设置列表区域和条件区域。设置完毕后，单击"确定"按钮，如图9-106所示。

（4）在选择"条件区域"时一定要选择包含"条件区域"的字段名和筛选条件，即可筛选除符合条件的数据，如图9-107所示。

图 9-107　高级筛选后的效果图

在"高级筛选"对话框中，单击选中"将筛选结果复制到其他位置"单选项，则"复制到"输入框可以使用。选择复制到的单元格区域，筛选的结果将自动复制到所选的单元格区域。

9.9　设置数字格式

在Excel 2019中输入数据后，用户可以根据需要设置数字格式，例如常规格式、货币格式、会计特殊格式、日期格式和分数格式。这些格式的设置方法几乎相同，都可以通过"数字"组和"设置单元格格式"对话框完成。

9.9.1　设置货币格式

选择要设置的数据格式的单元格或单元格范围，然后单击"开始"选项卡上"数字"组中的"数字格式"下拉列表框，然后在弹出的窗口中选择"货币"格式选项下拉列表，如图9-108所示；也可以直接选择单

元格范围，然后单击"数字"组中的相应按钮。

图 9-108　"设置单元格格式"窗口

设置后的效果如图9-109所示。

语文	英语
83	¥92.00	80
79	90	87

图 9-109　设置货币格式后的效果图

9.9.2　设置百分比格式

选择要设置的数据格式的单元格或单元格范围，然后在"数字"组中的"开始"选项卡中单击"数字格式"下拉列表框，在弹出的窗口中选择"百分比"格式选项下拉列表，如图9-110所示；或直接选择单元格范围，然后单击"数字"组中的相应按钮。

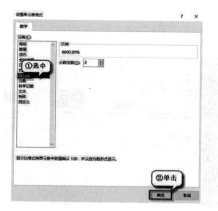

图 9-110　"设置单元格格式"窗口

设置后的效果图如图9-111所示。

数学	语文	英语
83	¥92.00	8000.00%
79	90	87
87	91	81
92	93	97

图 9-111　设置百分比格式效果示意图

第10章 | 利用 PowerPoint 2019 制作演示文稿

PPT是一款常用的办公软件。无论是教师的课上讲述，还是公司职员的工作论述，都离不开PPT。PowerPoint 2019是目前PPT的最新版本，功能齐全，操作简单。接下来就让我们走进PowerPoint 2019的世界，探索它的奥秘。

10.1 初识PPT演示文稿

要想流利、顺畅的操作PPT，就要先了解PPT的创建、保存、打开及格式转化等基础操作。

10.1.1 创建演示文稿

无论哪个版本的PPT，在操作之前都需要创建一个演示文稿。打开PowerPoint 2019，在"开始"工具栏中选择空白演示文稿，如图10-1所示。

10.1.2 保存演示文稿

在制作PPT的过程中和结束后，保存演示文稿是PPT不可缺少的步骤。保存是将PPT的内容进行存储，方便下一次使用的过程。保存演示文稿通常有两种方法。

1. 方法一

（1）在工具栏的上方有一层操作栏，左上角第一个按钮为保存键，单击保存键，如图10-2所示。

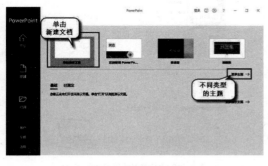

图 10-1　创建演示文稿

图 10-2　保存演示文稿

（2）第一次保存的用户会自动弹出一个工具栏，如图10-3所示，单击"这台电脑"，会出现图右侧的文件夹，选择最常用的文件夹进行保存。

图 10-3　第一次保存

（3）选择好文件夹后会弹出如图10-4所示的任务栏，选择合适的存储地址进行PPT的存储。在任务栏下方完成填写文件名、选择保存类型后，单击"保存"即可。

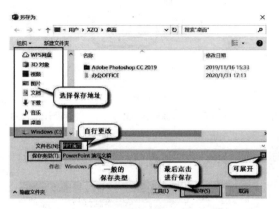

图 10-4　选取存储地址

2. 方法二

（1）如图10-5所示，单击上方工具栏中的文件栏。

图 10-5　文件保存

（2）单击文件栏后，会弹出图10-6所示的窗口，第一次保存与另存为所出现的窗口是相同的，与方法一的步骤2进行同样的操作即可。

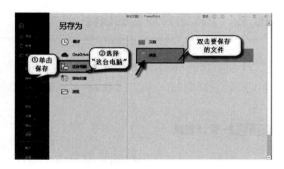

图 10-6　第一次保存

（3）参考方法一的保存步骤，这里不再赘述。

10.1.3　打开和关闭演示文稿

在PowerPoint 2019中，如何打开演示文稿与其他版本有些不同，直接在存储的地址中打开，会导致打开的格式出现错误，正确的打开与关闭演示文稿的操作如下。

（1）打开PowerPoint 2019，在弹出的窗口中单击"打开"，找到"这台电脑"，选择自己需要的演示文稿进行打开，如图10-7所示。

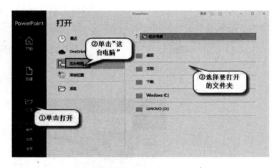

图 10-7　打开演示文稿

（2）演示文稿编辑结束后，单击工具栏上层的第一个工具进行保存，如图10-8所示，保存后关闭演示文稿即可。

图 10-8　关闭演示文稿

10.2 个人简介报告的设计

个人简介是应用最为广泛的PPT之一。在工作面试中，个人简介能直观地体现一个人的基本情况，一个好的PPT往往可以让面试官眼前一亮。下面简单介绍如何设计个人简介报告。

10.2.1 设计思路

一般情况下，个人简介的报告需从四个方面进行设计：基本情况、岗位认知、能力展示、未来展望。为确保格式整齐、对仗工整，用户要先设计PPT模板，将首页、目录页、结束页的幻灯片设计好后再进行文本编辑。

10.2.2 利用模板母版（自定义母版）

本节所示的案例，是一个典型的可以自定义母版的案例。一个PPT的新颖度和专业度，一部分体现在母版的设计上。自定义母版的设计可以方便用户的操作，为用户节省大量的时间。下面简单介绍自定义母版的操作步骤。

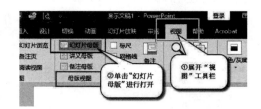

图 10-9　打开"幻灯片母版"

（1）将"视图"工具栏展开，找到"母版视图"，单击"幻灯片母版"，如图10-9所示。

（2）打开"幻灯片母版"，找到"编辑母版"，选中"插入版式"，如图10-10所示。

（3）插入母版后用户可在插入的母版上自行设计，展开"插入占位符"，选择要插入的样式，自行设计母版的结构，结束后单击"关闭母版视图"即可，如图10-11所示。

（4）返回原始视图，展开"开始"工具栏，展开"新建幻灯片"，选择"自定义版式"进行应用，如图10-12所示。

图 10-10　插入版式

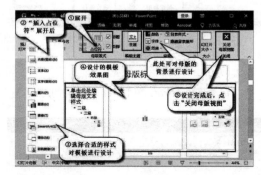

图 10-11　设计母版

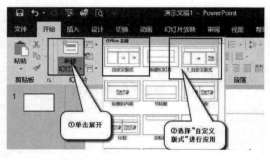

图 10-12　应用母版

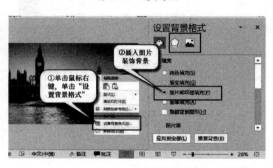

图 10-13　设置背景

10.2.3 设计首页幻灯片

在个人介绍中,好的首页可以让观看者眼前一亮,对内容抱有更大的期待。下面简单介绍幻灯片首页的制作。

(1)如图10-13所示,在空白处单击鼠标右键,单击"设置背景格式",插入背景图片,详情参照本章10.3.6背景的设置。

(2)在"开始"工具栏展开"新建幻灯片",选择合适的首页样式,如图10-14所示。

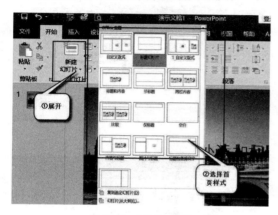

图 10-14　选择首页样式

(3)如图10-15所示,按情况输入标题"个人介绍",注意编辑署名,详细的编辑操作参照本章10.3.1、10.3.2。

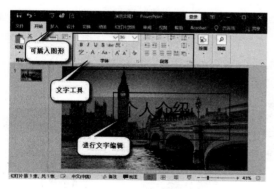

图 10-15　输入标题

10.2.4 设计目录页幻灯片

目录页一般为幻灯片的第二页,主要介绍幻灯片的基本内容。在本案例中,目录需要包含基本情况、岗位认知、能力展示、未来展望四个部分,具体步骤如下。

(1)在"开始"工具栏,展开"新建空白幻灯片",选择首页样式,如图10-14所示。

(2)找到"插入"并单击,选中SmartArt进行图形的插入,可以在呈现的图形上进行大小和形状的调整,并为图形选择合适的位置进行放置,如图10-16所示。

图 10-16　插入 SmartArt 图形

(3)参考10.2.3的步骤(1),为目录页设计背景。

(4)插入图形。找到"插入"工具栏中的"形状"并将其展开,为演示文稿选择恰当的图形并插入,如图10-17所示。

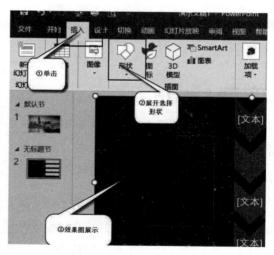

图 10-17　插入图形

(5)编辑文本。单击图形所在位置即可编辑文本,如图10-18所示,详细步骤请参照本章10.3.1。

图 10-18　编辑文本

10.2.5 设计结束页幻灯片

幻灯片的结束页与首页相似，因此参照首页幻灯片介绍即可。需要注意的是，个人介绍的幻灯片的结束页一般以"感谢"为结束语。图10-19为制作后的效果图。

图 10-19　结束页

10.3　幻灯片内容的编辑

幻灯片内容的编辑主要是文本编辑。文字和图片是幻灯片制作的基础，在此基础上可以加入表格、图形等进行辅助。

10.3.1 文字的编辑

幻灯片内容编辑最多的就是文字的编辑，不同类型的幻灯片所需要的文字编辑也不同。

1. 标题格式设计

如图10-20所示，单击"开始"工具栏，选择"幻灯片"工具栏，在其右上角单击展开小型幻灯片的图标（办公主题），选取合适的主题进行文字编辑。操作结束后，可单击虚框里的内容，如图10-21所示，拖动边框上的圆圈可以进行缩放，拖动边框上方的旋转图标可以进行任意角度的旋转。

2. 字体设计

如图10-22所示，单击"开始"工具栏后，选择要编辑的区域，找到字体工具栏，通过字体工具栏上的工具进行编辑即可。

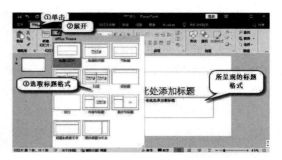

图 10-20　标题格式设计

图 10-21　标题形状更改

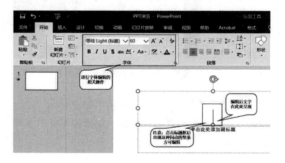

图 10-22　字体设计

（1）字体种类设计。如图10-23所示，在字体工具栏的左上角处有一个字体种类选取栏，将其展开，选择自己需要的字体。

图 10-23　文字种类设计

（2）字体大小设计。如图10-24所示，在字体栏的右上角有一个字体大小选取工具，将其展开后可进行字体大小的选取，也可以直接编辑数字进行调节。

（3）字体颜色设计。字体的颜色有两种：一种是文本突出显示颜色，另一种是字体颜色。

文本突出显示颜色：在字体工具栏中选择第二层右数第二个工具，将其展开，选择合适的颜色进行编写，操作方法如图10-25所示，"PPT演示"文字背景颜色会随之变化。用工具对字体进行第二次选取，则可将颜色去掉。

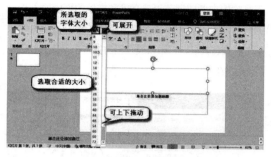

图10-24 字体大小设计

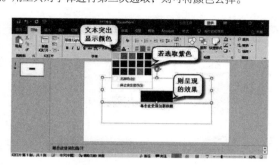

图10-25 文本突出显示颜色

字体颜色：在字体工具栏中，选择第二层右数第一个工具，将其展开，选取合适的颜色进行文字编辑，操作方法如图10-26所示，"PPT演示"文字本身颜色会随之变化。

（4）其他设计。如图10-27所示，关于字体编辑的其他设计有加粗、倾斜、阴影、下划线等。

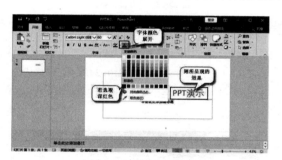

图10-26 字体颜色

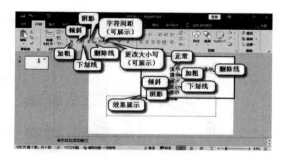

图10-27 其他设计

3. 段落设计

如图10-28所示，选中需要编辑的文字区域，在"开始"工具栏中找到段落工具栏，为选择的文字区域进行段落设计。其中，段落的对齐方式为最常用到的工具，如图10-29所示，段落工具栏的第二层从左至右依次为：左对齐、居中、右对齐、两端对齐、分散对齐及添加或删除栏。

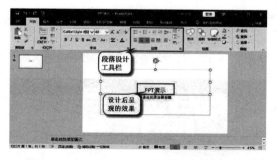

图10-28 段落设计

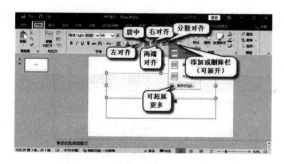

图10-29 对齐工具

10.3.2 图片的插入

插入的图片一般是保存在文件夹里的图片，若要插入未保存的图片，则只需对该图片进行保存后插入即可，具体操作步骤如下。

（1）插入图片。鼠标单击"插入"，查看"图像"工具栏，选中"图片"，如图10-30所示。

图 10-30　插入图片

（2）选取图片。如图10-31所示，单击"图片"，在弹出的"插入图片"的对话框中找到插入的图片的所在地，选好图片，单击"插入"。

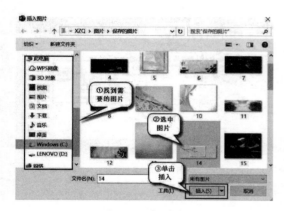

图 10-31　选取图片

（3）编辑图片大小。如图10-32所示，单击"插入"按钮后，图片自动插入。由于选取的图片大小不同，需对图片进行调整，图片右边的圆圈可进行大小调整，图片上方的旋转按钮可进行旋转，拖动图片可以调整位置。

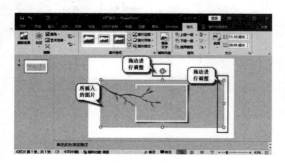

图 10-32　编辑图片大小

（4）进行图片裁剪。如图10-33所示，单击要编辑的图片后会在工具栏中自动弹出格式栏，在格式栏中找到大小工具栏。若有准确的裁剪长度，则只需在大小工具栏的右侧即调节形状高度和宽度的框中输入相应的尺寸即可；若无准确的裁剪长度，可直接单击"裁剪"，或将其展开，单击展开里的第一个"裁剪"后进行相应操作。

图 10-33　进行图片裁剪

展开"裁剪"后，展开里面的第二个"裁剪为形状"或第三个"纵横比"可帮助裁剪。

（5）进行图片调整。如图10-34所示，在格式中找到第一个调整工具栏，可发现调整工具栏中包含校正调整、颜色调整、艺术效果调整。

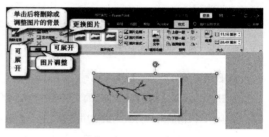

图 10-34　进行图片调整

①校正调整。如图10-35所示，用户可以调节图片的亮度或对比度，也可以将图片锐化或柔化，鼠标单击"校正"将其展开，选择合适的程度对图片进行调节。

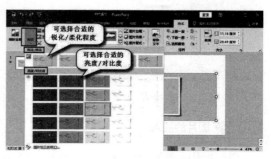

图 10-35　校正调整

②颜色调整。如图10-36所示，颜色调整可主要分为饱和度调整、色调、重新着色，可选择适合的颜色进行调整，也可展开其他颜色，找到更多颜色。

③艺术效果调整。如图10-37所示，展开"艺术效果"工具栏后可以看到多种艺术效果，可选择合适的艺术效果进行调整。

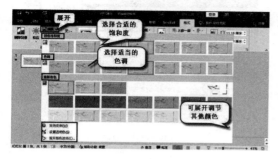

图10-36　颜色调整

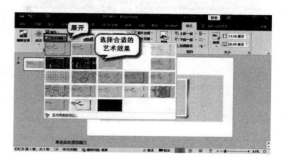

图10-37　艺术效果调整

（6）设计图片样式。如图10-38所示，查看"图片样式"工具栏，用户可对图片的样式进行整体外观设计、边框设计、效果设计、版式设计。

①整体外观设计。如图10-39所示，展开图中指出的按钮，可以看到不同种类的外观设计图，选择适合自己PPT的设计图进行设计。

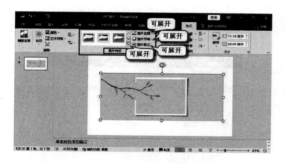

图10-38　设计图片样式

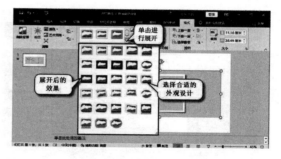

图10-39　整体外观设计

②边框设计。如图10-40所示，展开"图片边框"后，可以在主题颜色或标准色中选取合适的边框颜色，也可以通过取色器取色。用户也可以通过选择合适的边框粗细和边框虚线调整图片。

③效果设计。"图片效果"可以查看不同的图片效果，用户可将其全部展开，设计出合适的图片效果，如图10-41所示。

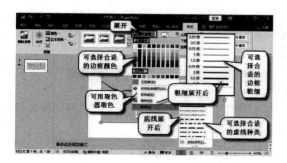

图10-40　边框设计

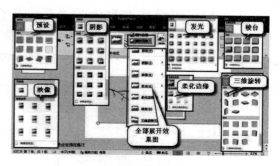

图10-41　设计效果

④版式设计。如图10-42所示，展开"图片版式"，选择合适的版式。

（7）排列设计。如图10-43和图10-44所示，排列设计逐层展开可分为叠放次序设计、对齐设计、旋转设计，下面通过具体操作对它们进行简单介绍。

图 10-42　版式设计

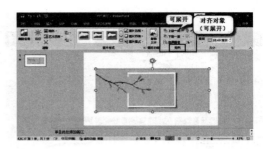

图 10-43　排列设计

①叠放次序设计。如图10-44所示，"排列"工具栏中的"上移一层""下移一层"为叠放次序设计工具，将其展开后可以全面设计叠放次序。

②对齐设计。如图10-44所示，"排列"工具栏中的右上角图标为"对齐设计"，将其展开后可以选择合适的对齐方式。

③旋转设计。如图10-44所示，"排列"工具栏中的右下角图标为"旋转设计"，将其展开后可以选择合适的旋转方向。

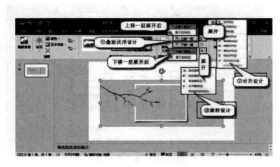

图 10-44　三种排列设计

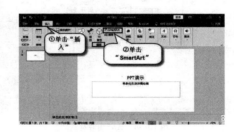

图 10-45　插入 SmartArt 图形

10.3.3 插入SmartArt图形

SmartArt图形是一种新颖美观的图形，包括图形列表、流程图以及更为复杂的图形，用途较为广泛，具体操作步骤如下。

（1）插入SmartArt图形。如图10-45所示，单击"插入"工具栏，在"插图"工具栏中找到"SmartArt"，并单击。

（2）选择SmartArt图形。单击"SmartArt"后会弹出图10-46所示的对话框，在对话框左边的列表中选择合适的图形类型，拖动滚动条进行选择，选好后单击"确认"按钮。

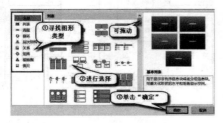

图 10-46　选择 SmartArt 图形

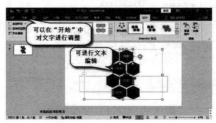

图 10-47　文本编辑

（3）文本编辑。如图10-47所示，选好SmartArt图形后，可以在有"文本"字样处进行文本编辑。编辑后，可以通过选重字进行粗略的文字设计（包括大小、形式、颜色等），也可单击"开始"，参考本章10.3.1的内容进行调整。

（4）创建图形。如图10-48所示，在"创建图形"中，单击左上角的"添加形状"添加更多相同的图形（展开后可以选择添加方式），左边第二个工具可以添加项目符号，右边大红框中的工具可以对图形的位置进行设计。

图 10-48　创建图形

（5）SmartArt样式。如图10-49所示，SmartArt样式中，左边的"更改颜色"将其展开后可以对图形进行颜色选取，右边的样式展开后可以更换图形样式。

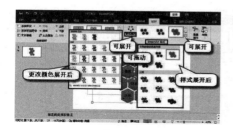

图 10-49　SmartArt 样式

10.3.4　表格的插入

插入表格、绘制表格、Excel电子表格都属于表格的插入。三种表格的具体操作如下。

1. 插入表格

（1）插入表格。如图10-50所示，查看"插入"工具栏，将其中的"表格"展开，鼠标单击"插入表格"。

（2）选择格数。如图10-51所示，鼠标单击"插入表格"后，在出现的"插入表格"对话框里，对表格的行和列进行设置，然后单击"确定"按钮。

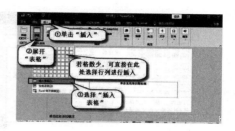

图 10-50　插入表格

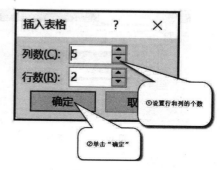

图 10-51　选择格数

（3）表格设计。插入表格后，表格的自定义形态可能不符合用户的设计想法。用户可以自行调整，如图10-52所示，通过拉伸表格可以改变表格大小；单击鼠标右键将弹出两个对话框，对话框1可以实现表格的插入或删除及文字编辑等简单的设计，对话框2可以实现高级一些的功能。鼠标单击展开"表格样式"，可以查看和选择更多好看的样式。与此同时，艺术字设计和边框设计也属于表格设计。如图10-53所示，文字的样式、颜色、效果均可以展开进行多样式选择。边框设计里的边框一般为手绘边框，其中边框的粗细和样式也可进行更改。

2. 绘制表格

（1）绘制表格。如图10-54所示，在"插入"工具栏找到"表格"，将其展开，单击"绘制表格"弹出画笔，进行绘制。

（2）手动绘制。通过画笔可以绘制任意大小的表格，弊端在于每次画出的表格只有一个，若多行多列则费时费力。"表格样式""艺术字样式"及"绘制边框"等可参照本章10.3.4里插入表格的第三个步骤。

需要注意的是，"绘制边框"里的"绘制表格"可以手动绘制，"橡皮擦"可以擦拭表格，如图10-55所示。

图 10-52　表格设计 1

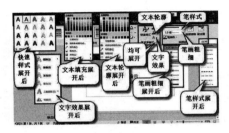

图 10-53　表格设计 2

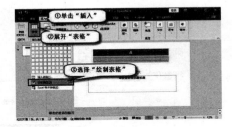

图 10-54　绘制表格

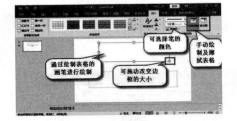

图 10-55　手动绘制

3. Excel电子表格

（1）插入Excel电子表格。如图10-56所示，查看"插入"工具栏，鼠标单击展开"表格"，找到"Excel电子表格"并单击。

（2）表格编辑。选择Excel电子表格后，将弹出"PPT演示"的对话框，拖动表格四周的黑色方点可以进行表格大小的缩放，表格上方的工具栏可以对表格及内容进行具体编辑，详细操作方法参照本书的"Excel 2019基本应用"部分，如图10-57所示。

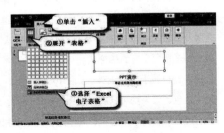

图 10-56　插入 Excel 电子表格

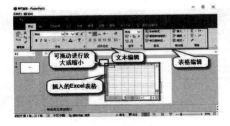

图 10-57　表格编辑

（3）恢复原始模式。单击表格旁的空白部分即可恢复图10-58所示的原始文稿。

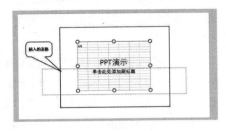

图 10-58　恢复原始模式

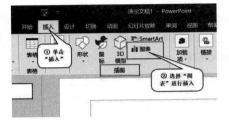

图 10-59　插入"图表"

10.3.5　图表的插入

在制作数据分析类PPT时，图标的插入可以使观看者更加清晰地查看到数据发展的趋势，具体操作如下。

（1）插入"图表"。选择"插入"工具栏，查看"插图"工具栏，鼠标单击"图表"，进行插入，如图10-59所示。

（2）选择图表类型。在出现的"插入图表"对话框里，选择图表类型，无遗漏后，鼠标单击"确定"按钮，如图10-60所示。

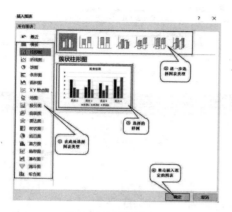

图 10-60 选择图表类型

（3）编辑图表信息。如图10-61所示，在弹出的"表格编辑栏"中直接编辑图表信息，即可更改数据。

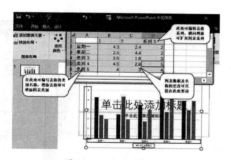

图 10-61 更改图表数据

数据更改后，关闭弹出的表格，查看插入的图表，单击图标或"设计栏"均可对图表进行深层修改，如图10-62所示。

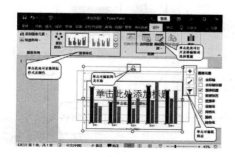

图 10-62 图表设计修改

10.3.6 背景的设置

在PPT里，背景的设置看似不重要，但最能体现出一个PPT的质量。PPT背景的具体设置步骤如下。

（1）设置背景格式。在要设置页面的空白处单击鼠标右键，在出现的工具栏里单击"设置背景格式"，如图10-63所示。

（2）选择背景并设置。通过幻灯片右侧的窗口可以设置背景。单击右侧的"图片或纹理填充"，在上方出现的小图标里，可以进行设置，如图10-64所示。

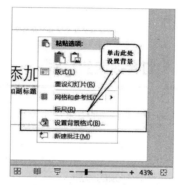

图 10-63 设置背景格式

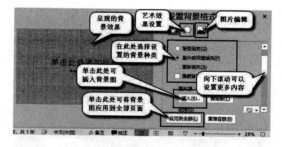

图 10-64 选择背景并设置

10.3.7 主题的选取

在一个演示文稿中，背景与主题往往在一起设置，但两者效果不同，下面简单介绍主题选取的具体操作。

选择主题并设置。鼠标左键单击"设计"工具栏，将里面的"主题"工具栏展开，进行相关设计，如图10-65所示。

图 10-65　选择主题并设置

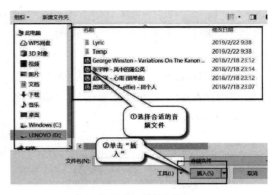

图 10-67　选择音频

10.4　幻灯片效果的制作

在幻灯片中添加适当的效果，可以让幻灯片整体看起来更加美观。

10.4.1　音频与视频的添加

在进行幻灯片演讲时，添加音频能够烘托氛围，更能使观看者投入演讲当中；而视频是一种能最直观地表达出想法的工具。添加音频与视频的操作步骤如下。

（1）插入音频。如图10-66所示，单击"插入"工具栏，展开"媒体"工具，找到"音频"并展开，选择合适的音频将其打开。

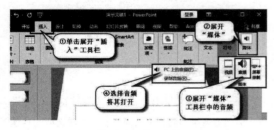

图 10-66　插入音频

（2）选择音频。在弹出的"插入音频"对话框中找到合适的音频，单击"插入"，如图10-67所示。

（3）设置音频。插入音频后，通过PPT页面上方的"播放"工具栏（插入后将自动弹出）可自行设置音频播放形态；选择"格式"工具栏，可设置音频图标的形态（颜色、大小、形状等），如图10-68所示。

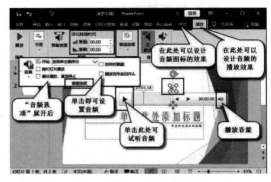

图 10-68　设置音频

（4）插入视频。插入视频的方法与步骤（1）类似，展开媒体中的"视频"工具，选择合适的视频位置进行打开，如图10-69所示。

（5）选择视频。在出现的"插入视频"的页面中，选择视频，鼠标单击"插入"，如图10-70所示。

图 10-69　插入视频

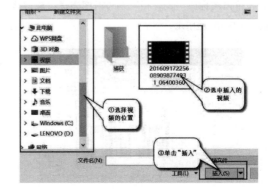

图 10-70　选择视频

（6）设置视频。在幻灯片上方自动跳转的"播放"工具栏里，可对视频进行设置和调整，如图10-71所示。

图 10-71　视频播放

单击"格式"工具栏可设置视频内容、视频排列顺序、裁剪大小等，如10-72所示。

图 10-72　视频格式设置

10.4.2　超链接的添加

当用户想要在播放幻灯片的过程中从一个页面跳转到另一个页面时，超链接便是一个很好的帮手。添加超链接的步骤如下。

（1）打开链接。在文字里找到一个合适的插入位置，鼠标单击"插入"的展开按钮，鼠标单击"链接"，如图10-73所示。

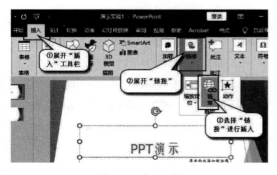

图 10-73　打开链接

（2）选择插入内容。在自动出现的"插入超链接"页面里，选中插入的链接，鼠标单击"确定"按钮，如图10-74所示。

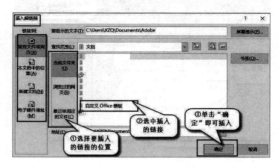

图 10-74　选择插入内容

（3）查看插入内容。对幻灯片进行播放，到达指定位置时，单击插入超链接的位置便可跳转，如图10-75所示。

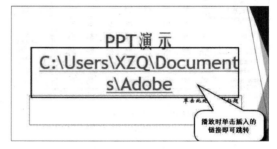

图 10-75　查看插入内容

10.4.3　幻灯片动画效果的设置

添加动画效果可以使幻灯片在播放时看起来更加自然流畅，更能吸引观看者的眼球。下面简单介绍动画效果的设置步骤。

（1）文字效果设置。找到幻灯片上方"动画"工具栏并选中，圈出需添加效果的文字，鼠标单击里面的"动画样式"或者是"添加动画"，选择样式，单击左面出现的数字图标，将在幻灯片右侧弹出"动画窗格"，拖动相应动画效果可以进行排序，如图10-76所示。

（2）切换效果设置。找到幻灯片上方的"切换"工具栏并选中，单击幻灯片，选中"切换效果"，选择合适的效果（鼠标单击"预览"进行查看设置效果）；

用户也可在"计时"工具中对切换声音及时间进行设置，如图10-77所示。

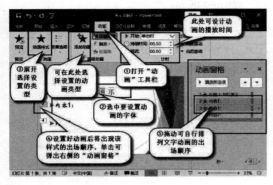

图10-76　文字效果设置

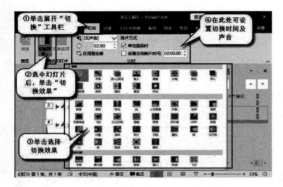

图10-77　切换效果设置

10.5 幻灯片的播放

制作幻灯片的目的就是播放。下面从放映时长、放映类型、幻灯片放映及创建演示文稿视频等方面具体介绍幻灯片的播放。

10.5.1 设置放映时长

在有背景音乐的情况下，用户需通过对放映时长的设置实现音乐卡点的效果，下面简单介绍设置放映时长的具体步骤。

（1）打开"排练计时"。找到页面上方的"幻灯片放映"工具栏并选中，鼠标单击"排练计时"即可计时，如图10-78所示。

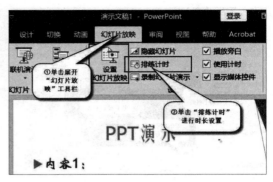

图 10-78　打开"排练计时"

（2）时长设置。在录制过程中，用户只需单击空白处便可手动播放。在录制页面的左上角有个"录制"窗口可以记录录制时间。录制结束后，用户退出页面前会出现"幻灯片计时"的保留窗口，若想保存录制结果，单击"是"即可，如图10-79所示。

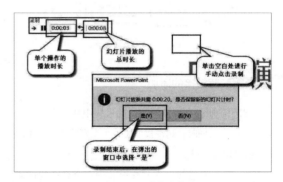

图 10-79　时长设置

10.5.2 设置放映类型

用户面对不同的播放地点，所设置的放映类型也有所不同，下面简单介绍设置放映类型的具体操作。

找到页面上方的"幻灯片放映"工具栏并选中，鼠标单击"设置幻灯片放映"。在自动出现的"设置放映方式"的页面中，浏览"放映类型"，选择喜欢的放映方式，单击"确定"，如图10-80所示。

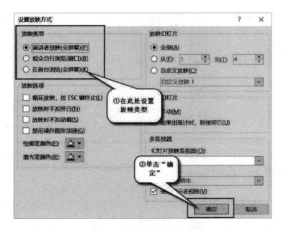

图 10-80 设置放映类型

10.5.3 幻灯片放映

设置好幻灯片后，将进行幻灯片放映。下面简单介绍幻灯片放映的具体步骤。

（1）选择放映方式。展开"幻灯片放映"工具栏，在"开始放映幻灯片"中选择合适的放映类型即可放映。其中，对自定义幻灯片放映而言，需展开选择"自定义放映"，在弹出的窗口中选择放映类型，单击"放映"，如图10-81所示。

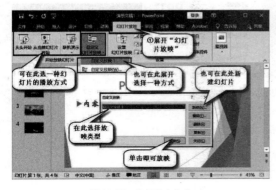

图 10-81 选择放映方式

（2）新建自定义放映。在弹出的"定义自定义放映"的窗口中，添加合适的幻灯片，排好序后，单击"确定"按钮，如图10-82所示。

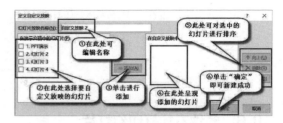

图 10-82 新建自定义放映

10.5.4 设计演示文稿视频

演示文稿视频是幻灯片的播放方式之一。演示文稿视频可以使幻灯片的播放更加自然，为观众展现出一种观看视频的效果，具体操作步骤如下。

（1）录制幻灯片演示。查看"幻灯片放映"工具栏，打开"录制幻灯片演示"（可直接打开，也可展开后打开），如图10-83所示。

图 10-83 录制幻灯片演示

（2）进行视频设计。在录制框的左上角有一个红色的"录制"按钮，选中后录制；右侧有一个灰色方框可以使录制暂停，灰色的三角可以重播录制内容。进行录制后，单击幻灯片左侧和右侧的按钮可进行幻灯片翻页，以此调节视频的时间。录制框的左下角可看到录制进度，必要时可选择画笔对设计的视频进行标记。录制框的右下角可以进行音频的加入和录像照片的加入，如图10-84所示。

图 10-84 设计视频

（3）播放视频。查看"幻灯片放映"工具栏，单击"从当前放映"，便可放映视频。

10.6 多种方式打印幻灯片

在很多情况下，幻灯片可以打印出来，下面简单介绍几种打印方式及操作步骤。

1. 常规打印

如图10-85所示，打开"文件"工具栏，在左侧工具中找到"打印"选项，在右侧选好打印分数、打印机属性及打印内容后单击"打印"。

2. 快捷图标打印

（1）添加快捷方式。展开左上方的"快速访问工具栏"，选择两种快捷打印的方式，如图10-86所示。

（2）选择打印。添加好快捷方式后，在左上角找到图标，单击即可打印，如图10-87所示。

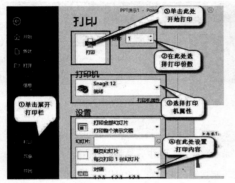

图10-85 打印

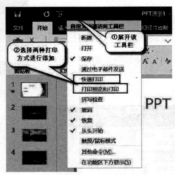

图10-86 添加快捷方式

图10-87 选择打印

第11章 使用 Visio 2019 绘制流程图

11.1 认识 Visio 2019

Visio 2019 是在 Office 软件系列中负责绘制示意图和流程图的软件；基于 Windows 系统进行操作，可以就复杂信息、系统和流程进行可视化处理，便于更加深入地进行逻辑分析。可以利用 Visio 绘制的图表范围十分广泛。

11.1.1 Visio 的版本更新

Visio 软件诞生于Visio公司，该公司成立于1990年，于1992年更名为Shapeware，并发布了第一个产品——Visio。2000年，微软公司收购Visio，将Visio并入Office系列软件中一起发行。Visio经历了从Visio 1.0到Visio 2019 20多个版本的迭代，不断适应市场需求。目前，其功能已经非常成熟和完善。

11.1.2 Visio 2019 的强大功能

利用Visio 2019，可以简单、快捷地创建具有专业外观的图形和表格，从而方便记录、分析和处理数据、系统和过程等。除此之外，还可以通过互联网实时共享动态可视效果和各种新方法，有效降低事件的复杂性。

Visio 2019与之前的版本相比较，对这些功能进行了修改和完善：设置了新的入门图表，图表使用更加简单、便捷，能够做到快速使用图表、组织结构图、灵感触发图和SDL模板。除此之外，增添的内置数据库模型图和新的数据库模型图表模板，可以准确地将数据库建模为Visio图表，无须加载项。具备新 UML 工具，并且可以更快地导入Auto CAD文件，在处理Auto CAD文件上的形状时瞬间完成形状叠加。

11.1.3 Visio 的启动与退出

双击打开桌面上的Visio图标，即可进入Visio软件启动界面，如图11-1所示。随即打开软件，如图11-2所示。

直接单击界面右上方的"关闭"，即可关闭软件。

11.1.4 认识 Visio 的工作界面

进入Visio 2019，在模板界面，如图11-3所示，我们可以发现基本框图、基本流程图、跨职能流程图等基本图表，也有家居规划、平面布置图等专业图表，还可以在"搜索联机模板"选项栏里输入所需要的模板类型。

单击创建"基本流程图"，进入Visio 2019工作界面，如图11-4所示。

图 11-1 Visio 启动界面

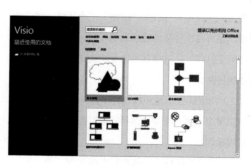

图 11-2 进入 Visio 2019

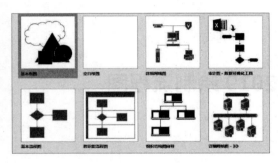

图 11-3　模板界面

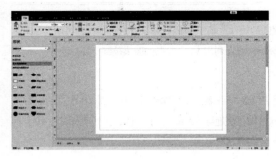

图 11-4　Visio 工作界面

Visio 2019的工作界面主要由标题栏、功能区、绘图页、任务窗格、状态栏、模具、图件等模块构成，如图11-5所示。

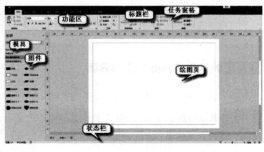

图 11-5　工作界面简介

1. 标题栏

（1）快速访问工具栏：工具栏在默认情况下从左至右依次是"保存""撤销""刷新"三个按钮，单击即可使用。还可右击经常需要用到的按钮，选择"添加到快速访问工具栏"，这样就可以在快速访问工具栏中添加其功能按钮。

（2）功能区显示选项按钮：单击该按钮，在弹出的下拉菜单中，可对功能区执行隐藏功能区、显示选项卡等常规操作。

（3）窗口控制按钮：从左到右依次为"最小化"

按钮、"最大化"按钮、"向下还原"和"关闭"按钮，单击它们可执行相应的操作。

2. 功能区

在功能区存在一些常用命令，单击功能区右下角小图标，在弹出的下拉列表中可以显示更多功能。

3. "文件"菜单

对文件进行的各种基本操作，如保存、打开、打印等。在"文件"菜单下，单击"最近使用文件"，可以看到最近打开的文件；在右边看到的图钉的图标上单击，该文档将置顶固定，方便下次快速打开。

4. 形状窗口

制作流程图时的常用形状可从这里拖放到绘图区。

5. 绘图区

绘图的场所，平时绘图主要在这里工作。

6. 状态栏

查看图形信息，可进行视图切换及改变视图大小。

11.2　Visio 的基本操作

使用Visio 2019可以绘制各类所需图表，但前提是要掌握基本操作方法，主要包括新建、保存、打开和关闭绘图。在简单了解Visio的功能应用及基础知识后，我们将动手实践，尝试利用Visio 2019绘制简单的流程图。

11.2.1　新建图表

Visio图表的绘制和编辑操作都是在绘图中进行的，根据实际需求，我们可以选择创建空白文档或者根据模板创建带有格式的文档。新建空白绘图的方法有以下两种。

（1）打开Visio 2019，左侧光标默认停留在"开始"选项栏，在右侧"新建"下选择空白绘图，单击后点击"创建"。

（2）在打开Visio 2019后，左侧光标单击"新建", 在默认模板中选择空白绘图, 单击创建, 如图11-6所示。

创建的空白绘图如图11-7所示。

图 11-6 新建空白绘图

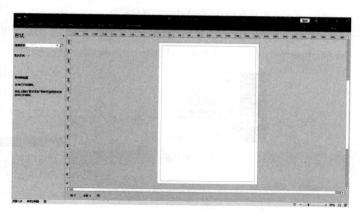

图 11-7 空白绘图创建完成

图 11-8 保存绘图

11.2.2 保存图表

对绘图进行编辑后, 可通过Visio
的"保存"功能将其保存到电脑中,
以便以后查看和使用, 否则绘图内容
将会丢失。

1. 保存新建绘图

保存新建绘图可以通过以下的
操作步骤实现。在新建的绘图中, 切
换到"文件"选项卡, 在左侧窗口中
单击"保存"命令, 将切换到"另存
为"界面中, 双击"这台电脑"命
令, 如图11-8所示。

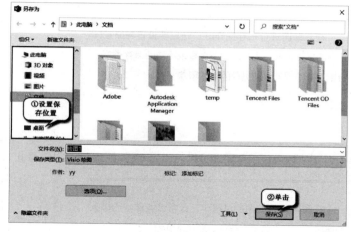

图 11-9 保存绘图

在弹出的"另存为"对话框中设置文档的文件名、保存类型及保存途径, 然后单击"保存"按钮, 如图11-9
所示。

第一次保存时, 单击快速访问工具栏中的"保存"按钮, 或者按"Ctrl+S"组合键, 可直接转到设置保存路径的
步骤, 之后可以通过快捷方式直接保存。

2. 保存已有的绘图

对已经保存的绘图, 在编辑过程中也需要及时进行保存, 防止因死机、断电、重启等各种意外和突发情况而造
成信息丢失。已有的绘图与新建的绘图保存的方法相同, 但对已有绘图进行保存时, 只是将对绘图的更改保存到原绘
图中, 因而不会弹出"另存为"对话框。

3. 将绘图另存

对于已有的绘图, 为了防止绘图意外丢失, 用户可将其进行另存, 即对绘图进行备份。另外, 对原绘图进行编
辑后, 如果希望不改变原绘图的内容, 则可将修改后的绘图另存为一个绘图。

将绘图另存的操作方法: 在要进行另存的绘图中切换到"文件"选项卡, 然后选择左侧窗口的"另存为"命令，在右侧打开的"另存为"界面中双击"这台电脑"选项，选择将绘图保存到本地电脑中，然后在弹出的"另存为"对话框中设置与当前绘图不同的保存位置、不同的绘图名称或者不同的保存类型，设置完成后单击"保存"按钮即可，如图11-10和图11-11所示。

图 11-10 "另存为"对话框

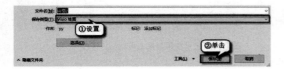

图 11-11 "保存类型"选择

在对绘图进行另存操作时，一定要设置与原绘图不同的保存位置、不同的绘图名称或不同的保存类型；否则，原绘图就会被另存的绘图覆盖。

排列和连接形状

在利用Visio绘图的过程中，经常涉及形状的排列和连接，下面将简单介绍Visio形状常见的基础操作。

11.3.1 认识Visio形状

Visio形状是Visio绘图工具的重要组成部分，包括流程图、因果图、工艺流程图、地图和平面布置图等各种基本绘图模板的基础形状，可以直接通过拖拽的形式进行组合绘制，通过特定的工具操作可以对形状进行美化和修改。

11.3.2 形状的旋转和缩放

Visio为修改形状提供了多种工具，可以使用这些工具选择、移动、旋转形状和对象，以及调整它们的大小。常见的旋转和调整形状大小的方法如下。

选择要旋转的形状。在"开始"选项卡上的"排列"中，单击"位置"，单击"旋转形状"，然后选择相应的旋转度数，如图11-12所示。

通过使用旋转手柄旋转形状。单击选中要进行旋转的形状，拖动旋转手柄，将形状绕中心点旋转。可以将指针放在旋转手柄上，然后将指针移到中心点上，拖动中心点到新位置。在拖动旋转手柄时，光标离所选内容越远，旋转增量越精细，如图11-13所示。

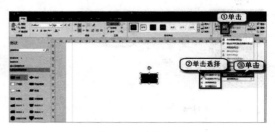

图 11-12 旋转形状

图 11-13 使用旋转手柄旋转形状

使用"大小和位置"功能旋转形状和修改形状大小。选择要进行旋转的形状，单击"视图"选项卡，单击"显示"，单击选择"任务窗格"，单击"大小和位置"，在弹出的窗口中，利用"角度"功能调整形状的位置和大小。在形状大小经过变化后，可以选中图形，单击右键，通过"还原为默认大小"进行还原，如图11-14所示。

除此之外，还可以通过指针工具调整形状大小。选中形状后，每个二维形状会出现八个手柄，可以直接拖动形状上的手柄调整形状大小。如果看不到二维图形上的八个手柄，则可以通过"Ctrl+Shift"组合键，并单击鼠标左键放大到便于准确地调整形状的大小。

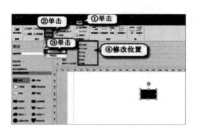

图 11-14 使用"大小和位置"设置

11.3.3 创建形状数据报告

形状数据报告是与形状相关联的文本或数据的报表，可以利用Visio进行创建。Visio 中包含多个示例报表，可在绘图中创建常见的报表。可以使用这些定义更改它们以合并添加到绘图中的形状数据；或使用"报表定义向导"，根据自己需求，创建新的报表定义。一般情况下，可以通过以下步骤创建报表。

（1）在上方工具栏中，单击"审阅"，在弹出的下拉窗口中，单击"形状报表"。在弹出的"报表"对话框中，单击要使用的报表定义的名称，如图11-15所示。

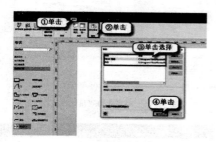

图 11-15 选择报表名称

（2）未看到所需的报表定义时，可以清除"仅显示特定于绘图的报表"复选框，或单击"浏览"并导航到报表定义的位置。若要在生成报表之前更改现有报表定义，则请在列表中选择该报表，单击"修改"，然后按照"报表定义向导"中的说明进行操作。若要创建新的报表定义，则请单击"新建"，然后按照报表定义向导中的说明进行操作。

（3）单击"运行"，然后在"运行报表"对话框中选择以下任一报表格式，单击"确定"按钮，如图11-16所示。

图 11-16 选择报表格式

报告有Excel、HTML、Visio形状、XML四种格式，根据需求选择格式，详细介绍如下。

①Excel：在Excel工作表中创建报表。必须安装Excel才能使用此选项。

②HTML：在网页中创建报表。如果要将报表另存为HTML文件，需单击"浏览"选择报表的位置，然后在文件路径的末尾填入报表定义的名称。

③Visio形状：将报表储存为绘图上的Visio形状。可以选择将报表定义的副本与形状一起保存或者链接到报表定义。选择"报表定义的副本"，可以与他人共享绘图，共同查看报表。

④XML：将报表创作为XML文件。如果要将报表另存为XML文件，单击"浏览"，选择报表的位置，然后在文件路径的末尾填入报表定义的名称，单击"确定"后会弹出"正在生成报告"对话框，稍等片刻即可，如图11-17所示。

图 11-17 生成数据报表

11.3.4 自定义特殊的Visio形状

在绘图过程中，我们有时会需要用到一些特殊图形，如图11-18所示。

图 11-18 自定义特殊图形

常见的绘制自定义图形的方法如下：首先，在"文件"界面的左下角单击"选项"，打开Visio选项，然后在"高级"中下拉到底部"常规"选项卡，单击勾选"以开发人员模式运行"，单击"确定"按钮，如图11-19所示。

打开开发人员模式之后，在Visio绘图界面会出现"开发工具"选项卡，单击进入，单击勾选"绘图资源管理器"，如图11-20所示。

打开"填充图案"，给新建图案选择名称、类型和行为后单击"确定"，本例中命名为"特殊形状"，选择第一个行为，单击"确定"按钮，如图11-21所示。

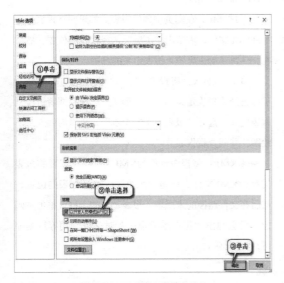

图 11-19 以开发人员模式运行

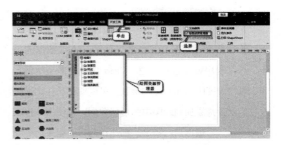

图 11-20 打开"绘图资源管理器"

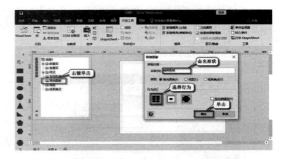

图 11-21 创建新的"填充图案"

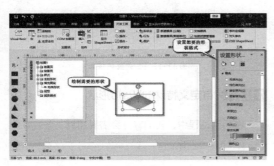

图 11-22 绘制所需形状

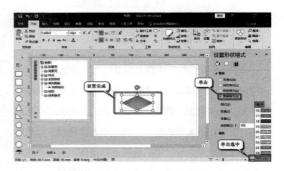

图 11-24 设置自定义形状完成

创建完成后，进入新的Visio界面，在这里绘制所需形状，本例中绘制基本形状中的菱形，填充颜色为蓝色，选择"渐变填充"，线条效果设置为"无线条"，如图11-22所示。

绘制完成后，单击"关闭"选项，在弹出的窗口中选择"是"，如图11-23所示。

接下来，只需选中矩形方块，设置形状格式，在"填充"中选择"图案填充"，在"模式"中找到刚才自定义的"特殊形状"，选中后自定义形状设置效果如图11-24所示。

11.3.5 ▶ 连接形状模具

在绘制图形中，经常会遇到需要将两个或多个形状相互连接的情况。这里以绘制流程图为例，介绍常见的连接形状模具的方法。

在Visio 2019中，已经默认开启"自动连接"。在基本流程图形状中选择一个形状，长按鼠标左键将其拖动到右侧画布上，将鼠标悬停在其中一个箭头上，即出现快速形状，可进行选择，如图11-25所示。

当有多个流程图形状时，可将鼠标停在某个形状上，当出现箭头后将其拖到要连接的形状即可，如图11-26所示。

除了以上自动连接提供的两个方法，还可以使用"连接线"工具连接形状。在绘图界面上方的"开始"选项卡中，单击"连接线"，将鼠标停留在连接前的形状上，出现可选连接点后长按连接至下一个形状，连接箭头方向由前一个形状指向后一个形状，如图11-27所示。

图 11-23　保存并更新自定义图案

图 11-25　利用快速形状连接

图 11-26　连接两个形状

图 11-28　修改线条格式

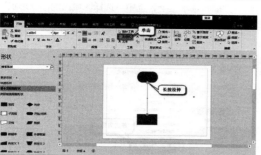

图 11-27　利用连接线连接形状

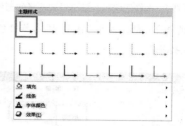

图 11-29　修改线条格式

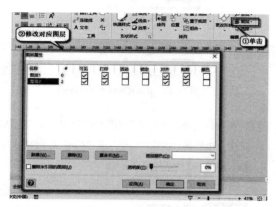

图 11-30　选中图层中形状

图 11-31　使用"指针"工具选中单个形状

可以通过以下步骤对连接线格式进行设置：选中连接线，单击"线条"选项，在绘图界面上方工具栏中修改连接线的颜色、粗细、线条类型、线条箭头等，如图11-28所示。

也可以通过单击"线条选项"或右键菜单"设置形状格式"，打开形状格式设置界面，对线条格式进行设置，如图11-29所示。

11.4　给形状和连接线添加文本

绘图过程中常需要给形状和连接线添加文本，以满足绘图需求或对步骤进行解释说明。下面介绍给形状和连接线添加文本的常规操作。

11.4.1　选择形状

要对形状进行修改时，要选中需要修改的部分，通常单击即可选中。如果无法在图表上选择、旋转、移动某个形状或调整形状的大小，则它极有可能存在于锁定的图层中。

对于这种在锁定的图形中的形状，可以通过以下步骤解除对图层的锁定：在"开始"选项卡中的"编辑"选项中，单击"图层"，单击"图层属性"。在"图层属性"对话框中的"锁定"列中，清除与要选择的形状相关联的复选框，如图11-30所示。

根据选择形状的不同，可以参考以下常见情形进行具体操作。

（1）使用"指针"工具进行单个形状的选中：在"开始"选项卡中，单击"工具"，选择"指针"工具。指向绘图页上的形状，直到指针变为四向箭头，然后单击该形状，如图11-31所示。

（2）使用"区域选择"工具进行多个形状的选中：在"开始"选择卡中，单击"编辑"，单击"选择"，选择"区域选择"工具。将指针置于要选择的形状上方或形状的左侧，然后拖动，在形状周围创建选中内容网。选择形状后，就会看到选择的形状周围出现蓝色的选择手柄，各个形状周围显示洋红色线条，如图11-32所示。

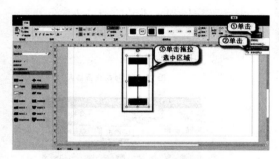

图11-32 使用"区域选择"选中多个形状

（3）使用"套索选择"工具进行多个形状的选中：在"开始"选择卡中，单击"编辑"，单击"选择"，选择"套索选择"工具。将自由绘制的选中内容网拖至要选择的形状周围。进行多个形状的选择时，所选形状的周围会显示蓝色选择手柄，如图11-33所示。

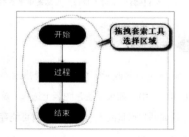

图11-33 使用"套索选择"选中多个形状

用"工具"组中的命令后，会使Visio处于不同的状态或模式，可以使用键盘快捷键"Esc"返回到"指针工具"，实现在"指针工具"和其他工具之间的切换。

（4）在已经进行选择的区域内选中部分形状：一般情况下，对于使用"区域选择"和"套索选择"工具进行选择的形状，选中的内容需要完全围住它选中的每个形状。如果需要更大的灵活性，则可以拓宽选中内容

网，使其中的部分形状也被选中。如果需要在Visio中进行对选中选择区域内的部分形状继续进行选择，则可以按照以下步骤操作：单击"文件"选项卡，单击"选项"。在弹出的"Visio选项"中，单击"高级"，在"编辑选项"下，选中"选择区域内的部分形状"，如图11-34所示。

图11-34 在选择区域内选中部分形状

除此之外，还可以使用键盘快捷键在页面上快速选中多个形状：按住"Shift"或"Ctrl"，同时单击形状，即可一次性选择多个形状。

11.4.2 键入文本

在Visio形状中，可以通过以下步骤向形状中添加文本。选择需要加入文本的形状，双击该形状，Visio将自动调整为可以输入文本的界面，此时可以编辑该形状，将文本添加到所选的形状中，如图11-35所示。

图11-35 在形状中输入文本

输入文本后，可以选中字体，单击右键，对字体、颜色、大小、对齐方式等进行设置，如图11-36所示。

同样，可以在连接线上对文本执行添加、编辑、

移动、设置格式或删除等操作，其操作方法与在形状上的操作方法类似，选中需要输入文本的连接线后，双击连接线，在出现的文本框中输入文本，如图11-37所示。

图 11-36　对文本格式进行设置

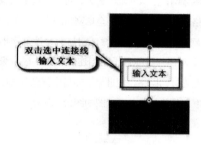

图 11-37　在连接线中键入文本

同样，在输入文本后，可以使用"指针"工具选中字体，单击右键，在弹出的工具栏中对字体的大小和颜色、字体类型、对齐方式等进行设置。完成后，在文本框外部单击，会出现黄色手柄，可以通过拖动黄色手柄移动文本。如需对文本进行旋转操作，则可以通过选择"开始"，在绘图界面上方工具栏中选择"文本块"，然后拖动旋转手柄进行旋转。

需要注意的是，连接线中的文本框与文本框形状不同，无法执行填充、重设大小或设置格式操作。每条连接线添加一个连接线文本框。

除此之外，还可以向页面中添加文本，直接将文本添加到页面，独立于绘图中的任何形状或对象。具体步骤如下：在"开始"选项卡上的"工具"组中，单击"文本"，在页面上的任意位置单击以创建文本框，可以拖动使文本框达到所需的大小，如图11-38所示。

可以使用"缩放"功能查看小细节。选择更多细微点控制，快捷键"Alt+F6"可执行放大命令，快捷键"Alt+Shift+F6"可执行缩小命令，快捷键"Ctrl+Shift+W"可调试为合适大小。

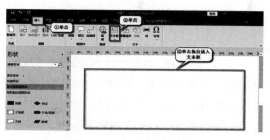

图 11-38　在页面插入文本框

11.4.3　移动文本

移动在形状或连接线上的文本，可以通过以下步骤实现：在"开始"选项卡上的"工具"组中，单击"文本块"工具，单击选择需要移动的文本框，通过鼠标左键拖动文本框，如图11-39所示。

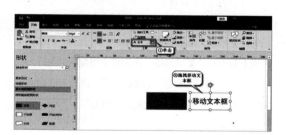

图 11-39　移动文本

11.4.4　保存文本

在输入文本完成后，单击空白部分，即可看到暂时保存的文本。在关闭绘图时，保存的Visio绘图会保留图形中设置的文本内容及格式，因此直接保存绘图即可，如图11-40所示。

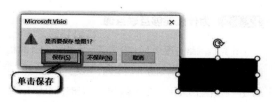

图 11-40　保存文本

第12章 | 带你了解互联网

一台普通的电脑可以帮助我们完成很多基本操作，例如计算、处理文档、处理表格等。没有连接到互联网的电脑就像是一个孤立的个体，但当我们将电脑连接到互联网，就可以与世界各地的电脑用户进行交流，实现更多强大的功能，例如获取各类消息、分享文件、下载音乐等。

将电脑连接到互联网是个很麻烦的过程，好在网络服务供应商为我们提供了一些基本设备和网络调试服务。我们也应该了解这些设备的作用和连接方式，以便可以应付一些简单问题，不影响正常上网。

12.1 初识互联网

12.1.1 什么是互联网

互联网（internet），又称国际网络，指的是网络与网络之间所串连成的庞大网络，这些网络以一组通用的协议相连，形成逻辑上的单一的巨大国际网络，是世界上最大的计算机网络。人们将使用互联网的行为称"上网""冲浪""漫游""浏览"等，使用互联网的人叫作"网民"，网上的朋友叫作"网友"。

互联网的优点主要有以下几点。

（1）互联网不受空间限制，随时随地可以进行信息交流。

（2）信息交换具有交互性、时效性。

（3）成本低。

（4）使用者众多。

（5）互联网进行交换的信息形式多样，可以是文档、图片、音乐等。

12.1.2 为什么能够互联互通

计算机网络有很多种划分方式，一般根据计算机网络覆盖的地理范围划分为局域网、城域网、广域网。局域网覆盖范围最小，每个家庭都可以组建局域网；城域网范围稍大一些，但大多是在一个城市内，如某政府机构的城域网；广域网范围更大，可以实现不同城市之间的网络连接。而互联网是全球网络的合集。每个地方的局域网与城域网相连，城域网与国家骨干网相连，国家骨干网再与国际骨干网相连。如此一级一级相互包含相互连接的网络，使世界上的自由信息互动成为可能。互联网结构的简单示意图如图12-1所示。

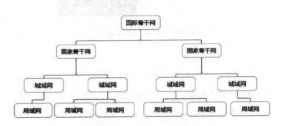

图12-1　互联网简单结构图

12.1.3 互联网常用术语

互联网是一个复杂且巨大的网络，人们为了更好地管理，提出了一系列的专业术语。我们一起来认识几个常见的网络专业术语。

（1）IP：IP是Internet Protocol的缩写，既是TCP/IP体系中的网络层协议，也是构成互联网的基础。

（2）IP地址：为了保证信息传输的准确性，网际互联协议规定每个设备都有专属的、独一无二的IP地址。就好比只有填写了准确的邮递地址，邮递员才能将邮件准确送达。不过每个设备只能有一个自己专属的

"邮递地址"。

（3）域名：尽管IP地址可以准确标记某一计算机设备，但是IP地址是一长串数字，不利于记忆。人们为了方便记忆，设计出了"域名"。由文字组成的域名地址比由数字组成的IP地址更方便记忆。平时人们只需要记住域名地址，剩下的转换工作就可以交由域名服务器完成。常见的域名有.com、.edu、.gov等。

（4）物理地址：电脑的物理地址一般是指电脑的MAC地址。MAC地址的作用是在网络中唯一标示一个网卡。一台设备若有一个或多个网卡，则每个网卡都有且只有一个MAC地址。

（5）网页：网页是一个特殊的纯文本文件，因为这个文件包含HTML（标准通用标记语言）标签，它可以存放在世界上任何一台计算机中，充当万维网中的指定的一"页"。由于是超文本标记语言格式，所以网页要通过网页浏览器阅读。

（6）网站：许多网页的合集。制作网站时需要根据一定的规则，使用标准通用标记语言（HTML）等工具制作，可以用来展示某些内容，但同时也需要用网页浏览器进行浏览。

12.1.4 生活中的互联网应用

随着互联网技术的发展和成熟，我们可以在生活中的很多地方应用网络。生活上，我们不仅可以利用互联网进行即时交流，同时也可以利用互联网查询交通情况、天气等信息。学习上，互联网提供了一个更便利的平台，可以享受更优质的教育资源，也可以查到自己想了解的信息。科学技术上，科学家可以利用网络，调动世界上很多台计算机同时处理问题。商业上，人们足不出户就可以挑选自己想要的商品，商家也可以随时随地面对面进行沟通交流，尤其是互联网支付为人们的生活创造了新的可能。安全上，一键报警、远程监控，让人们的安全感得到极大提升。

总而言之，互联网极大地方便人们生活的同时还改变了人们的生活，互联网已经在社会生活的每个角落发光发热。

12.2 连接互联网

从上述内容可以知道，互联网可以极大地方便了我们的生活。但是，连接互联网是个很麻烦的过程，好在现在有很多的网络供应商为用户提供了大量且完善的服务。作为用户，了解一些相关知识，可以在出现问题时及时解决，以减少因网络断开而造成的损失。

12.2.1 连接网络需要的设备

1. 硬件方面

网络供应商将光纤连入每个用户的家庭后，用户需要连接一些硬件设备。主要需要两个硬件设备：一个是调制解调器，另一个是路由器。

（1）调制调解器。英文名Modem，俗称"猫"，主要用于网络间不同介质网络信号转接，比如把ADSL、光纤、有线通等网络信号转成标准的电脑网络信号。

（2）语音分离器。有了这个设备，用户可以一边打电话，一边上网。如果联网时没有连接座机电话，则该设备可以省略。

（3）路由器。路由器可以用来分享网络，使多个设备可以同时上网。无线路由器可以发射WiFi信号，方便移动用户（如手机用户、笔记本电脑用户）上网，如图12-2所示。

图 12-2　路由器

（4）光猫。光猫又叫"光调制解调器"，也称为单端口光端机，是为了满足某些特殊用户环境而研发的一种多合一的光纤传输设备，如图12-3所示。

图 12-3　光猫

（5）网线。连接网络时，需要准备足够长的带水晶头的网线。

2. 软件方面

连接到互联网需要的必备软件不是很多，主要需要的是浏览器，有了浏览器才可以访问网页和网站，在互联网上寻找自己需要的资源。

12.2.2　连接互联网的方式

连接互联网的方式可以大致分为以下几类。

（1）电话线拨号接入（PSTN）。一种传统的连接方式，通过电话线和调制调解器接入公共电话网络，根据运营商提供的账号密码进行上网，但是速度较慢。每次上网前需要通过账号和密码拨号。

（2）一线通（ISDN）。ISDN又称综合业务数字网络，可以提供端到端的数字连接网络，把电话、传真、数据等业务集合在某一个统一的数字网络中，按照需求进行传输和处理，可以同时完成上网和打电话等操作，使用速度要比电话拨号上网快一些。

（3）ADSL接入。ADSL是非对称式数字用户线路的缩写，采用了先进的数字处理技术，将上传频道、下载频道和语音频道的频段分开，在一条电话线上同时传输三种不同频段的数据且能够实现数字信号与模拟信号同时在电话线上传输。

（4）光纤宽带接入。光纤宽带接入是运营商先将光纤信号接入小区交换机，再由交换机接入家庭，形成光纤与局域网相配合的模式。

（5）无线接入。为了方便用户连接，一些城市提供无线接入的连接方式。用户可以通过使用高频天线和ISP（网络服务提供商）连接，但是由于信号强弱问题，这种接入方式适合离ISP近即信号强的用户使用。

（6）代理上网。前面我们了解到每个设备有一个专属的IP地址，代理上网则是借用代理服务器的IP地址访问网站。

12.2.3　家庭宽带连接

目前，在我国，中国电信、中国移动、中国联通等9家互联网络运营单位和数百个互联网接入服务提供者为我们提供网络服务。各网络运营单位发展各有不同，而这些网络的网络规模、使用网络用户数量和提供的网上资源量很大差异。其中以中国电信、中国联通、中国移动三大网络运营商为主。

电信宽带质量较好，成立时间较早，发展时间长，在各地网络基础设施较为完善，在全国分布了大量的IDC机房（互联网数据中心）、游戏服务器等，网络较为稳定，但价格较高。

中国移动的宽带业务是与铁通公司合作推出的，时间较晚，大部分的IDC机房和骨干网络位于电信和联通，网络访问需要转网，上网时可能会有延时的情况。

中国联通宽带业务水平一般处于电信与移动之间，使用时较为稳定。

接下来介绍宽带连接的方法，宽带是以网速命名的，以拨号上网速率上限56KBps为界，低于56KBps称为"窄带"，56KBps以上称为"宽带"。

Windows 10系统的宽带连接操作还是很简单的。电脑连接上网线后，单击左下角"开始"菜单栏，选择"设置"选项，如图12-4所示。

点开"设置"后，单击"网络和Internet"选项，如图12-5所示。

图 12-4 选择"设置"选项　　　　　　　　　　图 12-5 选择"网络和 Internet"选项

点开"网络与Internet"选项后选择左侧"拨号"，单击右侧"设置新连接"，如图12-6所示。

点开"设置新连接"后选择"连接到Internet"，单击"下一步"。如图12-7所示。

选择"宽带（PPPoE）（R）"，如图12-8所示。

在目标框里输入网络服务提供商提供的用户名和密码后，单击下方的"连接"，即可完成，如图12-9所示。

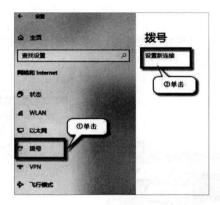

图 12-6　设置新连接

图 12-7　连接到 Internet

图 12-8　连接到宽带

图 12-9　输入用户名和密码

12.3 认识和使用浏览器

上网也被叫作"网上冲浪"。进行"网上冲浪"的"冲浪板"便是本章要介绍的浏览器，我们应该掌握浏览器的基本操作和清楚可以利用浏览器来干什么。

12.3.1 认识和使用IE浏览器

IE浏览器，是美国微软公司很早前就推出的一款网页浏览器。随着技术的发展，IE浏览器经历了很多次升级。在IE 6以前，我们称之为Microsoft Internet Explorer；IE 7到IE 11版本称为Windows Internet Explorer，简称为IE浏览器。

相较于其他浏览器，IE浏览器有着更加简洁的外观和更为简单的操作模式，这使得浏览器的运行速度更快；但是相应的，在功能拓展部分就比较欠缺，而且容易中病毒，安全性不高。

接下来，我们就来熟悉电脑自带的IE浏览器。打开Windows 10系统自带的IE 11浏览器，IE 11的主界面如图12-10所示，由地址栏、工具栏、搜索栏、工作区等部分组成。

以下将介绍使用IE浏览器的一些基本操作。

（1）查找IE浏览器。由于IE 11浏览器不是Windows 10系统的主流浏览器；想要使用时，需要在电脑下方搜索栏进行搜索，搜索完成后单击IE浏览器即可，如图12-11所示。

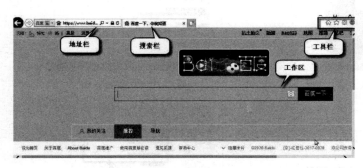

图 12-10　IE 浏览器主界面

图 12-11　查找 IE 浏览器

（2）收藏网页。当遇到喜欢的网页时，用户可以点击右上方工具栏里的"收藏夹"按钮进行收藏，如图12-12所示。

（3）设置主页。主页是打开浏览器的第一个网页，也是可以根据用户的喜好进行设置的。单击右上方工具栏里的"设置"按钮，出现一个列表，如图12-13所示，在列表里单击"Internet选项"。

打开"Internet选项"后，在目标框里输入某一个想要作为主页的网址，或者单击下方的"使用当前页"作为主页。完成后，单击右下角的"应用"，再单击左边的"确定"，就可以完成主页的设置，如图12-14所示。

图 12-12 添加到收藏夹

图 12-15 查看下载

图 12-13 在"设置"里单击"Internet 选项"

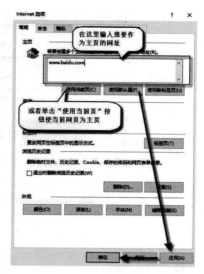

图 12-14 设置主页

图 12-16 查看下载的页面

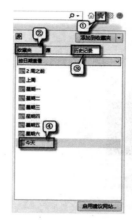

图 12-17 查看历史记录

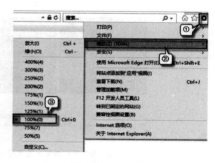

图 12-18 IE 浏览器页面的缩放

（4）查看下载。当用户在网页上保存了一张图片或者下载了一个文档后，想要查看下载进度或者保存位置时，可以单击右上角的"设置"按钮，出现如图12-15所示的列表，选择"查看下载"按钮即可。

点开查看下载后的页面如图12-16所示。

（5）查看历史浏览记录。当关闭网页后，如果想找回之前浏览过哪些页面，则可以查看历史浏览记录迅速找到原来浏览过的网页。单击右上方工具栏里的"添加至收藏夹"按钮，选择下面的"历史记录"按钮，就可以查看历史记录了，步骤如图12-17所示。

（6）页面的缩放。有时候页面大小不合适可能会影响用户的浏览体验。为了解决这一问题，浏览器也有自己的设置功能，改变页面大小，即浏览器页面可大可小。

用户想要自主进行缩放时，需要单击右上角工具栏里的"缩放"按钮，在新弹出的列表里选择合适的比例大小即可，步骤如图12-18所示。

12.3.2 360安全浏览器

360安全浏览器有如下特点。

（1）安全守护。借助360安全平台，360安全浏览器有全国最大的恶意网址库，可以拦截许多恶意网站，有效防止了病毒的入侵。360安全浏览器界面如图12-19所示。

（2）无痕浏览。在浏览网页时可以不留痕迹、不记录Cookies、不记录个人隐私，还可以不记录浏览等记录，如图12-20所示。

（3）用户模式。用户可以注册登录360用户实现浏览记录、账户名和密码等数据的共享，在其他设备上也可以快速访问自己想要访问的网址，如图12-21所示。

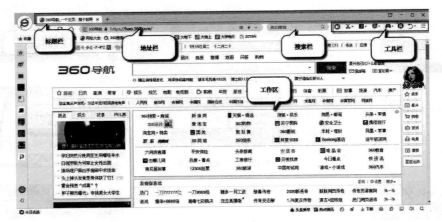

图 12-19　360 安全浏览器界面

图 12-20　360 安全浏览器无痕模式

图 12-21　360 用户登录界面

图 12-22　360 安全浏览器皮肤库

图 12-24　修改主页

图 12-23　设置栏

图 12-25　输入想要修改的主页

（4）沙箱模式。360 安全浏览器是全球首款采用"沙箱"技术的浏览器，即在计算机内部构建了一个虚拟空间，也就是所谓的"沙箱"，就算有木马、病毒、恶意程序的进攻，也不会真正威胁电脑安全。可以说，在最大限度上保护了电脑的安全。

（5）皮肤模式。360 安全浏览器为用户提供了海量皮肤库，用户可以根据自己的喜好选择皮肤，如图12-22所示。

下面介绍360安全浏览器的几种常用操作。

（1）历史记录与下载内容。在右上角的工具栏里单击"设置"按钮，可以出现很多按钮，如图12-23所示。分别单击"历史"或者"下载"即可查看相关内容。

（2）修改主页。想要修改主页时，需要在如图12-24所示的设置栏里单击设置键，在新弹出的页面里进行搜索，搜索"主页"，更改主页即可，如图12-25所示。

在新弹出的对话框里输入想要的主页，单击完成即可成功修改主页。

12.3.3 ▶ 其他浏览器

除了上面介绍的几款最常用的浏览器以外，还有火狐浏览器、百度浏览器等。下面分别介绍。

1. 火狐浏览器

Mozilla Firefox，中文俗称"火狐"。Firefox的开发目标是"尽情地上网浏览"和"对多数人来说最棒的上网体验"。

2. 百度浏览器

百度浏览器，凭借百度的搜索功能，可以让用户使用浏览器的时候更加方便；而沙箱技术同360安全浏览器一样，守护用户安全；百度云的存在还可以实现用户数据的云同步，保存数据更加方便，快捷。借助百度强大的平台整合能力，结合多种应用，给用户意想不到的惊喜。

12.4 上网常见问题及处理方法

12.4.1 ▶ 网页打不开怎么办

当网页打不开时，首先判断计算机是否连接到网络，可以在桌面状态栏右下角找到网络连接标志，如图12-26所示，右击网络标志，打开"网络和Internet选项"，如图12-27所示，查看是否连接到互联网，如图12-28所示。

如果没有连接到互联网，则可以检查：路由器或者调制调解器的连接是否出现错误，用户名、密码是否

出现错误，网费是否到期。

如果可以连接到互联网，只是网页无法打开，则可以单击"开始"，进入Microsoft Store搜索"360安全卫士"并下载。在里面选择"功能大全"下的"网络优化"，再选择"断网急救箱"，就可以轻松解决网页打不开的问题，如图12-29所示。

图12-26 选择网络连接

图12-27 打开"网络和Internet选项"

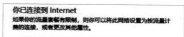

图12-28 确认连接到互联网

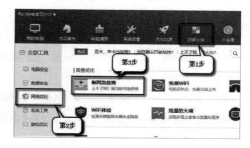

图12-29 360安全卫士

12.4.2 ▶ 图片看不到怎么办

浏览页面时，可能会遇到可以正常浏览网页，但看不了图片的情况，如图12-30所示。

此时，可以打开IE浏览器并单击右上角的"设置"，并进入"Internet选项"，如图12-31所示。

选择"高级"，滑动滚轮，找到"多媒体"，并在"显示图片"前的方框里打"√"，如图12-32所示。之后单击"应用"和"确定"即可。

图12-30 无法正常浏览图片

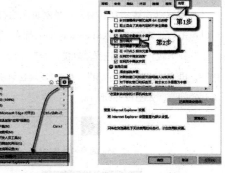

图 12-31　进入"Internet选项"　　图 12-32　显示图片

12.4.3 上网速度慢怎么解决

上网速度慢可能有很多方面的原因，下面给出常见的几种解决方法。

（1）检查自家网络是否需要更新换代。

（2）检查自家路由器是否出现了问题。

（3）检查计算机是否老旧，配件是否需要更换。

（4）检测网速，如果与平时相差很多，则可以与网络服务供应商联系。

（5）如果浏览某一网站速度很慢，其他网站则没有这种情况，可能是网站服务器访问量较大。换个时间试试。

（6）如果某一浏览器的速度慢，可以更换其他浏览器。

12.4.4 无法弹出窗口

在浏览网页时，有时需要弹出窗口进行连接或者支付，网页却一直无法弹出窗口。为了解决这种情况，可以打开"Internet选项"，选择"隐私"，在下面"弹出窗口阻止程序"部分单击设置，如图12-33所示。

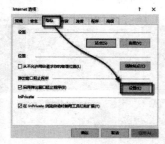

图 12-33　选择设置

在弹出的对话框里输入允许弹出窗口的网址即可，如图12-34所示。

图 12-34　输入目标网址

12.5　网上信息搜索

12.5.1 网上信息搜索方法与技巧

网络上的资源各式各样，如何迅速而准确地搜索就成了一个难题。我们可以用搜索引擎对关键词进行搜索，会出现网页、图片、音乐、地图等相关信息。

要想搜索文档，可以使用百度文库、道客巴巴进行更为准确地搜索。

要想搜索电子书，可以使用"鸠摩搜索"，在这里，只要输入书名的部分关键词就可以准确搜索到想要的资源。

如果想要查论文、期刊或科技快报，中国知网一定会提供许多用户想要的资源。

想要更快、更准地找到想要的资源，则需要对关键词进行准确描述，必要时可以使用同义词或近义词；如果关键词较长，则要加上双引号，以便搜索引擎不会错误地分解关键词；如果要找的资源只在某一类中，如文档，就可以去前面介绍的专门的网站上进行搜索。

12.5.2 常用的搜索引擎介绍

1. 百度搜索

百度搜索是全球最大的中文搜索引擎，可以在搜索页面自主选择搜索网页还是音乐、图片等，使搜索更加高效，如图12-35所示。

2. 谷歌搜索

谷歌搜索是当前世界上最大的搜索引擎，可以进行常规搜索和高级搜索，如图12-36所示。

3. 搜狗搜索

搜狗搜索是一个互动式中文搜索引擎，拥有超快的搜索速度，而且拥有庞大的网页收录量，方便用户进行搜索，如图12-37所示。

12.5.3 利用百度搜索资源

以百度搜索引擎为例，任意打开一个浏览器，进入百度搜索的网页。

在搜索栏里输入想要搜索的关键词，如图12-38所示。

单击"搜索"按钮，进入搜索页面，如图12-39所示。

完成浏览页面后，单击"确定"，搜索完成，如图12-40所示。

图 12-35 百度搜索

图 12-36 谷歌搜索

图 12-37 搜狗搜索

图 12-38 输入关键词

图 12-39 搜索页面

图 12-40 搜索完成

12.5.4 利用专业数据库搜索资源

数据库可以理解成是一种数据合集，将彼此独立的数据以一定的方式储存在一起，能够满足多个用户共享。用户可以通过一定方法对文件中的数据进行新增数据、查询数据、更新数据、删除数据等操作。

下面，以如何利用中国知网介绍怎样通过专业数据库搜索资源。

首先利用搜索引擎搜索"中国知网"，并进入官方网站，如图12-41所示。

在上方搜索栏旁边选择"高级检索"，这样可以较为准确地搜索到用户想要的资源，如图12-42所示。

图 12-41　进入中国知网

图 12-42　进入高级检索

进入高级检索后，可以在网页上方选择需要查询的资源的类型，如图12-43所示。

在页面下方输入相关信息，如主题、书名、作者、发布时间等信息，输入的信息越多就越容易准确找到，如图12-44所示。

输入完成后，单击"检索"就可以出现如图12-45所示的相关内容，选择自己需要的内容并单击进入即可。

点开资源后可以选择浏览方式，如图12-46所示。

图 12-43　选择类型

图 12-44　输入相关信息

图 12-45　选择需要的资源

图 12-46　选择浏览方式

12.5.5 利用专业社区论坛搜索资源

论坛是指和网络技术有关的网上交流所。几乎每个领域都有自己的论坛，想要找某一领域的相关内容，论坛不失为一种好的选择。

"小木虫"是一个专业的学术论坛。论坛里的会员主要有国内外各个高校和科研院所的博士、硕士研究生，还有企业研发人员。小木虫是一个不错的学术交流平台。

同"中国知网"一样，搜索并进入官方网站，主页面会有搜索栏。在搜索栏里进行搜索便可以找到一部分资源。选择查看方式即可。

12.6　在网上进行下载

12.6.1 网上资源下载方法及技巧

网络上有各种各样的资源，用户可以根据自己的需求选择不同的资源，例如音乐、电影、文档、软件等。掌握了相应方法便可以将需要的资源下载到电脑硬盘中。

下面是几种主要的下载方式。

（1）另存为。此方法一般多用来保存网上的图片。在找到想要的图片后，右击选择"另存为"即可下载，如图12-47所示。

图 12-47　"另存为"下载方式

（2）网页保存。网页保存一般是指用浏览器进行下载。虽然很方便，但是缺点是不支持断点传输，就是在下载的过程中不能中断，因此一般用来下载小文件，不能下载大文件。

（3）下载软件。网上有很多专业的下载软件，可以下载或大或小的软件，如"百度网盘""迅雷下载"等软件，但是下载速度一般很慢，充值成为会员后可以大幅度提升下载速度。

12.6.2 常用的下载工具

下载工具是一种可以更快地从网上下载文本、图像、视频、音频、动画等信息资源的软件。下载工具采用了"多点连接"的下载方法，可以充分利用宽带资源，使下载速度更快。

常见的下载工具有"网际快车""迅雷""百度网盘"等。

12.6.3 利用迅雷进行网上资源下载

迅雷是由迅雷公司开发的一款基于多资源超线程技术的下载软件。作为"宽带时期的下载工具"，迅雷针对宽带用户作了优化，并同时推出了"智能下载"的服务。

在使用迅雷的时候，可以先搜索下载地址，然后单击这个地址，如图12-48所示。

图 12-48　搜索下载地址

单击这个地址后会弹出一个新窗口，点击打开迅雷，如图12-49所示。

图 12-49　打开迅雷

在迅雷下载页面确定下载的位置后，单击"确定"即可完成下载，如图12-50所示。

12.6.4 网盘资源下载与存储

百度网盘原名"百度云"，是百度研发的一项云存储服务，适用于各种主流PC和手机操作系统。

用户可以轻松地把自己的文件上传到网盘上，并可以在登录账号后随时随地查看和分享。2016年10月11日，百度云改名为百度网盘，此后，百度网盘更加专注于发展个人存储、备份等功能，而且使用起来也十分便捷。

用户可以在将自己的资源保存到网盘后，打开网盘客户端，找到并点击需要下载的资源，出现如图12-51所示的列表，单击"下载"。

图 12-50　确定下载位置　　　图 12-51　选择"下载"

选择想要下载的地方，单击"下载"即可，如图12-52所示。

图 12-52　选择下载位置

第13章 | 通信交流——人类的通信兵

13.1 强大的QQ

众所周知，QQ聊天软件不仅可以用来联系亲朋好友，还可以用来传输文件。用户在平时使用时可以进行在线聊天，实现多种通信终端相连。

13.1.1 申请QQ账号

如果想要使用QQ软件进行聊天，首先需要安装QQ软件，然后申请一个QQ账号。QQ软件在各大应用商城中都是免费下载的，使用者在下载完安装包后，按照软件的提示即可安装成功。下面是申请账号的具体操作。

（1）在下载完安装包后，桌面会生成一个围着红围巾的小企鹅，双击QQ的快捷图标，如图13-1所示。

（2）打开QQ对话框，单击"注册账号"按钮，如图13-2所示。

（3）在浏览器中打开网页，在网页中输入昵称、密码、手机号、验证码后，单击"立即注册"，如图13-3所示。

（4）注册成功即可得到属于自己的QQ号。

13.1.2 安装QQ软件并登录

申请完QQ账号后，用户可以登录属于自己的QQ账号，开始属于自己的网上聊天旅行。如果想要聊天就必须登录QQ号，具体操作如下。

（1）在账号栏，输入自己的QQ号。

（2）在密码栏，输入该QQ号的密码。

（3）单击"登录"按钮，如图13-4所示。

（4）登录成功后，即可使用。

13.1.3 添加并管理好友

登录QQ后，可以添加好友，之后可以进行在线聊天、语音视频、远程办公等，具体操作如下。

（1）双击QQ主页面底部"加好友"按钮。

（2）根据自己掌握的信息进行填写，填写的范围越小越方便找到志趣相投的朋友。

（3）单击"查找"按钮，如图13-5所示。

（4）找到自己的好友，单击"添加"，如图13-6所示。

在添加好友之后，修改好友备注，具体操作如图13-7所示。

（1）在QQ的主页面找到好友，右键单击好友。

（2）在弹出的快捷菜单中，单击"修改好友备注"按钮。

13.1.4 语音与视频聊天

通过QQ软件可以实现远程办公。由于很多现实情况的限制，导致我们需要在家办公，在双方都安装了声卡其驱动程序并配备音响的情况下就可以视频，具体操作如下。

（1）单击想要视频的好友，如图13-8所示。

（2）单击弹出框的语音按钮即可语音。

（3）单击弹出框的视频按钮即可视频，如图13-9所示。

图 13-1 腾讯QQ图标

图 13-2 QQ登录页面

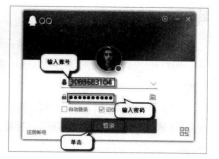

图 13-4 QQ登录操作页面

图 13-3 QQ注册页面

图 13-7 "修改好友备注"快捷菜单

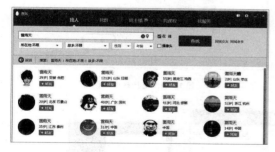

图 13-5 QQ加好友操作页面

图 13-6 QQ加好友信息输入页面

图 13-8 QQ好友聊天界面

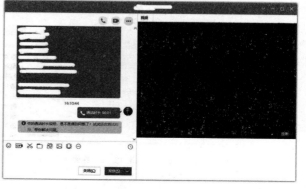

图 13-9 QQ好友视频界面

13.1.5 QQ群使用

QQ比较强大的功能是可以建立群聊，里面的好友可以通过自己申请和朋友推荐等方式进群，具体步骤如下所示。

（1）点击建立群聊。通过群聊，我们可以实现远程办公。在群聊里，我们可以实现共享屏幕、群聊视频等功能，如图13-10所示。

（2）选择好友。根据自己所需要建立群聊，比如建立关于学习的群聊，找到联系人中的好友即可，如图13-11所示。

（3）建立群聊。完成建立群聊后，我们可以在群里收发信息、显示朋友在线信息、即时交流、即时传输文件。另外，QQ群聊还可以共享文件、实现群友共同游戏，如图13-12所示。

13.1.6 QQ空间

单击QQ底部图标即可进入网页版QQ空间，如图13-13所示。

13.1.7 远程应用

我们都知道通过蓝牙可以传文件，但是通过蓝牙传文件有一定的距离限制。通过QQ的远程控制可以解决因距离远而不能传输文件的情况，具体操作如下。

（1）单击需要进行远程控制的QQ好友，如图13-14所示。

（2）请求控制对方电脑，如图13-15所示。

（3）如果对方同意控制电脑，本机就会出现客户端页面，如图13-16所示。

图 13-10　群聊类型

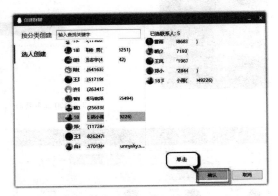

图 13-11　选择群聊联系人

图 13-12　群聊页面

图 13-13　QQ 空间

图 13-14　选择远程控制 QQ 好友

图 13-15　QQ 好友远程控制页面

图 13-16　好友请求远程控制

图 13-17　微信登录二维码

图 13-18　微信扫码功能

图 13-19　微信登录页面

13.2　玩转微信

微信是大众普遍使用的聊天软件。微信分为网页版和移动版，我们主要介绍的是网页版。

13.2.1　下载、安装、登录网页版微信

微信除了手机客户端软件，还有电脑系统版。使用电脑版微信也可以进行聊天，具体步骤如下。

（1）打开微信PC版的下载页面，单击"下载"，下载并安装微信。

（2）启动微信，弹出二维码对话框后，提示用户使用微信"扫一扫"登录，如图13-17所示。

（3）在手机版的微信中，单击左上角的按钮，在弹出的菜单中选择"扫一扫"选项，如图13-18所示。

（4）扫描电脑上的微信二维码，弹出微信页面，提示用户在手机上确定登录，如图13-19所示。

（5）在手机页面上，会弹出登录页面，单击"登录"按钮即可。

13.2.2　微信手机版

微信是一种比较普遍的聊天方式，这里简要介绍在手机上使用微信的方式，具体操作如下。

（1）用户在手机上点击微信图标，打开微信登录页面。

（2）在填写密码文本框中，输入微信的登录密码。

（3）登录到手机微信的操作页面。

13.2.3　微信公众号

申请微信公众号的步骤如下。

（1）打开浏览器，在浏览器中输入网址https：// mp.weixin.qq.com/。

（2）输入注册微信公众号信息，如图13-20和图
13-21所示。

（3）点击页面中的"注册"按钮，如图13-22
所示。

（4）根据网页中的提示，用户即可完成登录
注册。

（5）用户一般申请的是订阅号，如图13-23和图
13-24所示。

图 13-20　微信公众号注册步骤

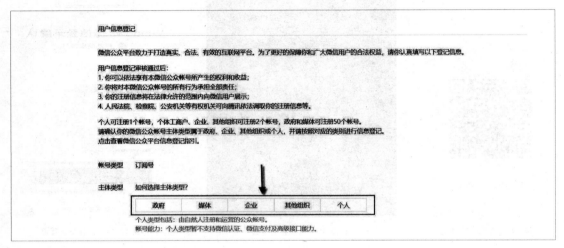

图 13-21　微信公众号注册类型

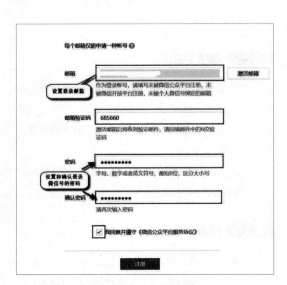

图 13-22　登录信息邮箱

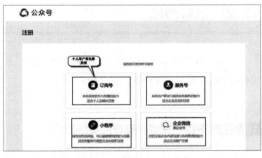

图 13-23　注册公众号类型

图 13-24　微信公众号整体情况

13.2.4 电脑版与手机版交互

在网页版的微信中有文件传输助手功能栏，把自己想要传输到手机上的文件拖拽到文件传输助手中，在手机微信中即可打开文件，如图13-25所示。

图13-25　文件传输助手

13.2.5 QQ与微信的关系与特色功能

QQ和微信都属于腾讯旗下的一款沟通、交流软件。两款产品属于相同类型；但两者针对的客户群体不同，QQ针对的客户群体比较年轻，微信针对的用户群体比较正式。

13.3 收发邮件

有时候，企业之间往往不能通过进行联系个人的联系方式，而是通过固定的电子邮箱实现联系。

13.3.1 选择收发邮件类型

如果用户要发邮件，就要注册一个电子邮件。电子邮件地址用来接收电子邮件，密码供用户所连的主机核对账号时用。

电子邮件地址的结构为：用户账号后置符号一个

@，再后置该用户所连接主机的邮箱地址。用户账号可由用户自己选定，但需由局域网管理员或你的ISP认可。

距离不会对邮件的快慢产生影响，但是邮件内容的大小会大大影响邮件发送的快慢。过大的邮件应采用压缩文档的方法传输。

在使用邮箱和收发电子邮件过程中，有以下常用术语。

（1）收件人（To）：邮件的接收者。

（2）发件人（From）：用户。

（3）抄送（Cc）：用户给收件人发出邮件的同时把该邮件抄送给另外的人，用户知道发给了哪些人。

（4）暗送（Bcc）：用户给收件人发出邮件的同时把该邮件暗中发送给另外的人，用户不知道发给哪些人。

（5）主题（Subject）：邮件的标题。

（6）附件（Files）：同邮件一起发送的附加文件或图片资料等。

13.3.2 电子邮箱的申请和使用

进行收发电子邮件之前必须先要申请一个电子邮箱地址。

（1）通过申请域名空间获得邮箱。如果需要将邮箱应用于企事业单位，且经常需要传递一些文件或资料，并对邮箱的数量、大小和安全性有一定的要求，则可以到提供该项服务的网站上（如万维企业网）申请一个域名空间，也就是主页空间。在申请过程中提供该服务的网站会为你提供一定数量及大小的电子邮箱。这种电子邮箱的申请需要支付一定的费用，适用于集体或单位。

（2）通过网站申请收费邮箱。如果用户需要申请一个收费邮箱，则到该邮箱所在的官网，根据提示信息填资料即可注册申请。

（3）通过网站申请免费邮箱。目前，免费邮箱是较为广泛的一种网上通信手段，其申请方法与申请收费邮箱相同。

13.3.3 写邮件

想要使用电子邮件收发邮件，首先必须登录电子邮箱。电子邮箱分为很多种，例如网易邮箱、QQ邮箱等。下面我们以QQ邮箱为例进行介绍。

（1）在浏览器中输入https：//mail.qq.com/，打开操作页面。

（2）在页面中输入账号和密码，如图13-26所示。

（3）登录页面之后就可以进行具体操作，如图13-27所示。

图13-27　QQ邮箱操作页面

图13-26　QQ邮箱登录页面

图13-29　QQ邮箱成功发送提示页面

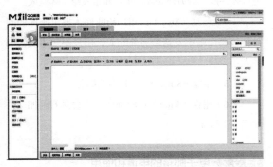

图13-28　QQ邮箱发邮件页面

图13-31　QQ邮箱转发页面

图13-30　QQ邮箱回复页面

13.3.4　发邮件

在操作页面中，可以发送带附件的邮件，具体操作如下。

（1）在收件人输入栏中，输入收件人账号。

（2）选择是否添加附件。

（3）在正文中，输入想要发送的内容，如图13-28所示。

（4）单击"发送"按钮，发送成功后，如图13-29所示。

13.3.5　回复邮件

在接收到别人的邮件之后，有时需要回复邮件，具体操作如下。

（1）在接收到邮件之后，在正文中输入想要输入的内容。

（2）在输入完内容后，单击"发送"即可回复其他人的邮件，如图13-30所示。

13.3.6　转发邮件

在收到邮件之后，需要将邮件发送给其他人时，可以直接转发邮件，具体操作如下。

（1）打开想要转发的邮件，直接单击"转发"按钮，如图13-31所示。

（2）之后的操作和回复的操作一样，在这里不再赘述。

13.3.7 ▶ 文件中转站

文件中转站具有很强大的网络临时存储的功能，支持上传最大为1G的文件，用户上传文件后可以保存7天，非会员QQ邮箱等级达到10级则文件中转站的文件最长保存时间延长为15天，同时QQ邮件管理员会发邮件通知用户，具体操作如下。

（1）登录QQ邮箱后，单击左侧导航中的"文件中转站"，如图13-32所示。

（2）进入"文件中转站"后，单击"上传到中转站"按钮，可以将文件上传到"文件中转站"中，如图13-33所示。

（3）弹出"选择要上传的文件"对话窗口，选择需要上传的文件，之后单击"打开"按钮，进入上传文件的操作界面，可以查看上传文件的上传进度，如图13-34所示。

（4）上传完毕后，就可以正常使用"文件中转站"中的文件了，如图13-35所示。

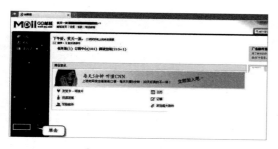

图 13-32　QQ邮箱操作页面

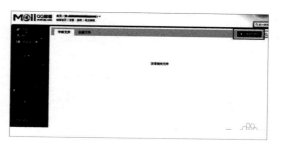

图 13-33　中转文件操作页面

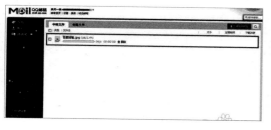

图 13-34　选择上传文件

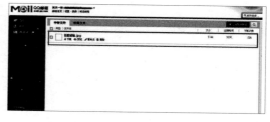

图 13-35　上传成功页面

13.4 未来通信网络交流的方式

随着5G时代的来临，网络交流方式一定会比以前更方便。首先介绍一下什么是5G。5G网络是第五代移动通信的简称，5G具有高传输率、节省能源、降低生产成本等优点。用户在单位时间内得到的信息量大，而且可以实现的功能比以前多，下载速度会变快，那么5G将会提供什么样的应用场景呢？

1. VR虚拟现实

在日常生活中，随着数据传输能力的提升，计算能力会提高，算法运算速度会加快，实时渲染质量会提升，可以增强用户的体验感，使平时被用户抽象化的物体变得具体。

2. 高品质视频

将来进行视频电话时，不仅是平面的，而且有可能通过摄像头把人物立体化、3D化。未来直播、实时监控、远程医疗、远程互动展示等场景一定会大范围推广应用的。

3. 无人驾驶

随着云计算、人工智能的普及，无人驾驶的新能源汽车将会形成完整的网络。无人驾驶会应对突发情况，从技术角度考虑，在5G时代来临之后，完全有可能实现。

4. 万物互联

在过去的30年里，我们的移动通讯主要是人与人之间的通讯。相信在未来的30年里，移动应用就是人与物、物与物之间的连接，后台收集大数据，更好地为人们服务。万物互联就是将来5G的发展方向。

第14章 | 网络生活

目前，网络成为人们生活中必不可少的一部分。如何应用数不胜数的软件充分体验网络生活，成为当代人们必要的学习内容。本章围绕网络生活主要介绍了如何在网上购物、娱乐、学习、咨询等。

14.1 网上购物

网上购物操作方便、种类繁多、物美价廉、省时省力，深受广大人民群众的喜爱。当下，越来越多的人选择了网上购物。然而，对网络新手，网上购物操作不当可能会出现不必要的损失。接下来，我们通过具体操作，了解网上购物，以便减少不必要的损失。

14.1.1 天猫购物

天猫中的物品齐全，天猫官方旗舰店内所售卖的物品一般均为正品，值得信赖。天猫购物具体步骤如下。

1. 打开天猫网

若有天猫软件可以直接点击打开，若没有则可以通过浏览器（操作中的浏览器为百度）打开，如图14-1所示。在浏览器中搜索"天猫"或"天猫网站"，单击搜索栏右侧按钮"百度一下"，在下方弹出的搜索内容中找到官方网站并进入。

2. 浏览并注册

进入天猫网站后，在图14-2所示的项目框中可以自行浏览，新用户完成注册后即可购买商品。找到页面左上方"免费注册"字样的按钮，鼠标单击注册，具体注册步骤如下。

（1）同意协议。点击"免费注册"后将自动弹出图14-3所示的对话框，浏览协议内容后，单击"同意协议"。

（2）手机验证。如图14-4所示，在弹出的对话框

中输入手机号，在验证栏中按住滑块拖动至最右端，单击"下一步"。

（3）进一步验证。如图14-5所示，在进行完第一步验证后，手机会接收到含有验证码的短信，在弹出的对话框内输入验证码，点击"确认"。需要注意的是，验证码的填写有时间限制，超出规定的时间，需重新发送验证码。

（4）填写账号信息。如图14-6所示，设置用户名后，填写账号信息，设置一个登录密码，再次输入密码进行密码确认，设置登录名（注意：登录名不能重复且一位用户只能设置一次登录名），单击"提交"。

（5）设置支付方式。各种购物网站都有在线付款和货到付款，用户可以选择暂不设置支付方式，点击"跳过"即可。若要设置，则按照图14-7所示步骤依次进行填写，最后单击"同意协议并确定"即可。

（6）注册成功。如图14-8所示，弹出注册成功对话框，表示注册成功，记住自己的登录名及会员名，退出界面，重新进入天猫网页。有支付宝账号或淘宝账号的用户可以直接用以上账号登录。

图 14-1　进入天猫网

图 14-2　浏览并注册

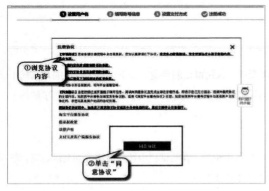

图 14-3　同意协议

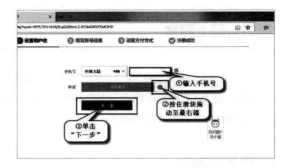

图 14-4　手机验证

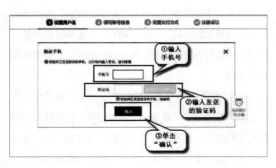

图 14-5　进一步验证

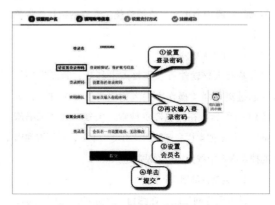

图 14-6　填写账号信息

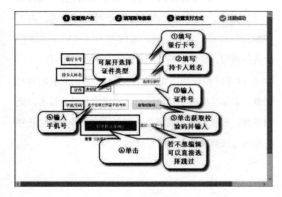

图 14-7　设置支付方式

图 14-8　注册成功

3. 登录账号

如图14-9所示,新用户注册后重新打开天猫网页将自动登录,此时进行浏览即可。

若用户未能自动登录或在其他时间段打开网页,则需重新登录,具体操作如下。

（1）账号登录。如图14-10所示,浏览页面,找到页面左上角的"请登录"按钮,鼠标单击进行登录。

（2）选择登录方式。如图14-11所示,单击"请登录"后,页面自动跳转到登录页面,用户可以选择手机扫码登录（打开手机用户端,找到"扫一扫",扫码即可）或密码登录。

（3）密码登录。如图14-12所示,选择密码登录,在出现的页面上按照指示填写账号和密码。忘记账号或是密码的用户可以单击下方的灰色文字,找回账号或密码。

4. 搜索商品

如图14-13所示,在商品搜索栏中搜索要购买的商品,单击"搜索"。

5. 筛选商品

具体筛选方式如图14-14所示,拖动右侧滚动条可进行商品浏览,商品上方红色框图内的工具栏可以进行商品筛选,搜索栏下方的灰色字样为商品种类,单击后可以自动跳转。浏览商品,选择需要的商品。

6. 购买商品

选中心仪的商品后,会自动打开一个新的购买页面,如图14-15所示。商品价格栏旁会有店铺的优惠活动,可以单击领取优惠券。有的店铺商品上面会有视频介绍商品。价格栏下方有运输地址和运费及送达时间。在版本栏中选择适合的版本,选好商品颜色和数量、支付方式后即可单击"立即购买";若未想好,可以先加入购物车。此外,网上购物要三思而后行,由于不能实物鉴定,可以拉动滚动条,在商品下方会有商品详情和买家的评价,可以作为参考,如图14-16和图14-17所示。

图 14-9 自动登录

图 14-10 账号登录

图 14-11 选择登录方式

图 14-12 密码登录

图 14-13　商品搜索

图 14-14　商品筛选

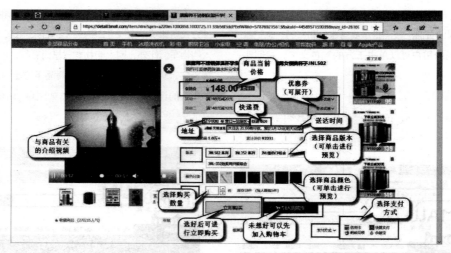

图 14-15　购买商品

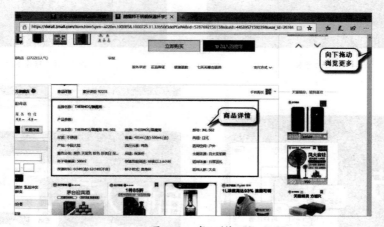

图 14-16　商品详情

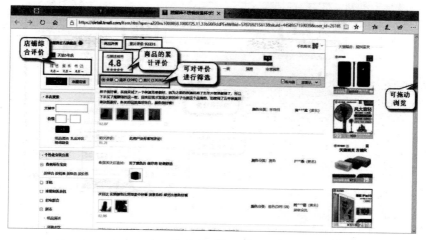

图 14-17　商品评价

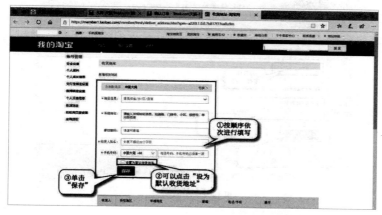

图 14-18　填写收货地址

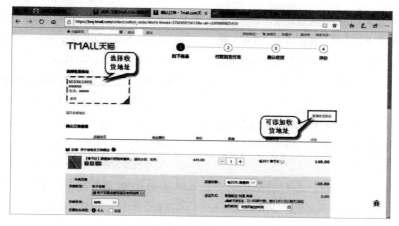

图 14-19　选择收货地址

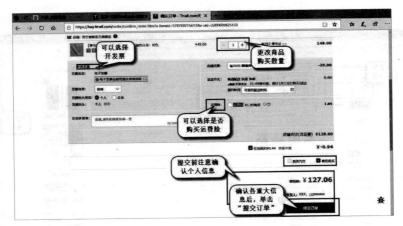

图 14-20 提交订单

图 14-21 确认付款

7. 编辑地址

新用户首次购买会自动弹出收货地址对话框，如图14-18所示，依次进行填写，最后单击"保存"即可。若非新用户，则可如图14-19所示，选择收货地址或添加收货地址。

8. 提交订单

鼠标拖动并下拉图14-19右侧的滚动条，核实个人信息，准确无误后，单击"提交订单"，如下图14-20所示。

9. 确认付款

如图14-21所示，在支付页面里，选择支付方式进行支付，输入支付密码，确认无误后，鼠标单击"确认付款"。

10. 查看订单

如图14-22所示，提交订单后，返回购物界面，展开网页上层的"我的淘宝"工具栏，选择"已买到的宝贝"。

单击"已买到的宝贝"后，如图14-23所示，在自动跳转的网页中单击"所有订单"可查看订单详情。第一个订单为未付款但提交订单的情况，可以取消订单或立即付款，单击立即付款并成功付款后该选项会变成"确认收货"；第二个订单为付款后收到商品的情况，可选择进行评论。此外，网页上层工具栏有"购物车"工具，单击后，可以查看放入购物车内未购买的商品，与网页左侧工具栏中的"我的购物车"具有相同的功能。订单的搜索栏可以在订单较多、寻找麻烦时使用，图14-23所示的网页中"待发"与"待收货"工具栏可以查看商品的物流情况。

11. 确认收货

当用户收到商品时，打开图14-23所示页面中的"已买到的宝贝"，点击"所有订单"，找到该商品，单击"确认收货"即可完成交易。

图 14-22 已买到的宝贝

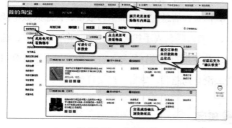

图 14-23 查看订单

14.1.2 线上购买火车票

在车站购买火车票的时代已经过去。掌握线上购买火车票的技巧不仅可以省时省力，更不用担心发生赶不上火车这样的突发情况。美团是一个新兴服务类软件，接下来我们以美团为例，学习线上购买火车票的具体操作。

1. 打开美团网页

如图14-24所示，在搜索引擎中搜索"美团"，单击"百度一下"，选择官方美团网站并单击进入。

图 14-24 打开美团网页

2. 注册

如图14-25所示，进入页面后，在美团上方的工具栏中找到灰色字体的"注册"，单击进行新用户注册。

图 14-25 注册

3. 输入认证信息

如图14-26所示，单击"注册"后，在弹出的注册页面内输入手机号，单击"免费获取短信动态码"，注意查收手机短信，输入动态码，设置账户密码，查看协议无异议后，单击"同意以下协议并注册"。

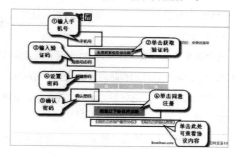

图 14-26 输入认证信息

4. 登录

若是新注册的用户，在注册结束后，页面将自动登录跳回美团界面；若是有账号的用户，打开页面后，如图14-27所示，单击页面上方"立即登录"。

图 14-27 登录

5. 选择登录方式

单击"登录"后，页面自动跳转，如图14-28所示，用户可自行选择登录方式。忘记密码的用户可以在账号密码登录右下角单击"忘记密码"进行密码找回，账号登录的右上角可以选择手机动态码登录，也可以用其他方式登录。

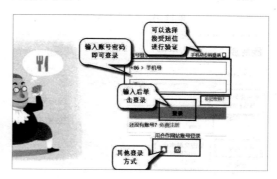

图 14-28 选择登录方式

6. 选择当前地址

如图14-29所示，首次登录的用户按照顺序选择当前所在的省份城市（或想搜索的城市）或在搜索栏搜索。

7. 选择机票/火车票

当页面跳转到图14-30所示的界面后，找到页面左边分类里的"机票/火车票"，然后展开进行选择。

8. 火车票购买

选择购买火车票后，在图14-31所示的页面中填写出发和到达的城市以及启程时间，有需要的用户可以勾选"只搜高铁动车"，选好后，单击"搜索"。具体购买步骤如下。

（1）选择车次。单击"搜索"后，页面将自动跳转，在图14-32所示的页面中选择要乘坐的车次并进行预订。按住右侧滚动条进行拖动可浏览更多车次，车次的上方有时间、类型等多种选择。

（2）选择座席。单击"预订"后，在图14-33出现的页面中选择座席，不同等级的座位价格也有所不同。

（3）编辑乘客信息。如图14-34所示，选好座位后，按住右侧滚动条向下拉动，在"添加乘客"一栏中，编辑乘客信息，可增加乘客数量，但总人数不能超过5人，填入联系人手机（方便接收乘车通知），选好后勾选左下角的《预订须知》，一般情况下系统会自动勾选。没有问题后，单击"提交订单"。

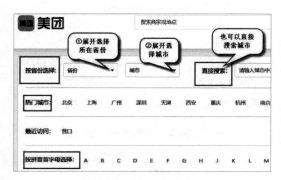

图 14-29 选择当前地址

图 14-31 火车票购买

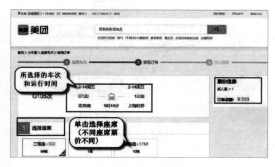

图 14-33 选择座席

图 14-30 选择机票/火车票

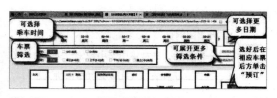

图 14-32 选择车次

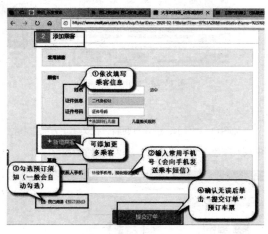

图 14-34 编辑乘客信息

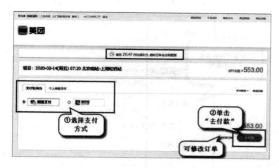

图 14-35 选择付款方式

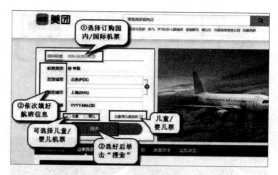

图 14-36 机票购买

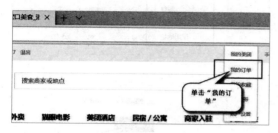

图 14-37 我的订单

图 14-38 火车票查看

（4）选择支付方式。如图14-35所示，提交订单后将自动跳转到付款页面，选择付款方式，单击"去付款"，按照页面指示的流程进行付款。付款结束后，页面将自动出票，注意保存出票信息，方便查看。

9. 机票购买

如图14-36所示，选择购买机票的用户，在弹出的页面中选择机票范围，依次填好出发与到达的城市和时间，确认后单击"搜索"。下面的预定步骤与步骤8介绍的火车票的购买步骤一致，这里不再赘述。

10. 查看订单

如图14-37所示，在美团界面上方的工具栏中，展开灰色字体的"我的美团"，单击"我的订单"。

如图14-38所示，该页面可查看到"美团"中的所有订单。

14.1.3 线上缴费

水电费的缴纳也可以在网上进行，"支付宝"是最常用的网站之一。接下来，以支付宝为例，简单介绍"支付宝"线上缴费具体操作。

1. 打开"支付宝"页面

如图14-39所示，搜索"支付宝"，选择官方网站进入。

2. 注册登录

如图14-40所示，老用户直接登录即可，新用户选择"立即注册"，先注册后登录。

3. 用户注册

选择注册的用户，按照14.1.1天猫购物步骤2进行注册操作，有天猫/淘宝账号的用户将自动跳转到图14-41所示的"设置身份信息"页面，按照页面指示依次填好个人信息，单击"确定"。

确认后，在图14-42所示的页面中，按照指示填写好卡号及个人信息，获取验证码进行验证，确认后单击"同意协议并绑卡"。

注册成功后将出现图14-43所示的页面，单击提示下方的"进入我的支付宝"即可进入网页。

4. 水电煤缴费

如图14-44所示，进入支付宝首页后，按住滚动条拉至最底端，单击黑色工具栏中的"水电煤缴费"。

"手机充值"的操作步骤与"水电煤缴费"相同，输入需要缴费的手机号即可。

5. 选择缴费种类

单击进入"水电煤缴费"后，在图14-45所示的页面展开或直接输入缴费城市，选择要缴纳的费用，用户也可根据缴费下方的"缴费流程"进行缴费。

图 14-39 打开"支付宝"页面

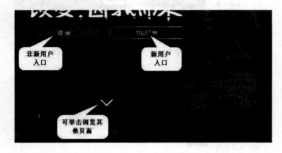

图 14-40 注册登录

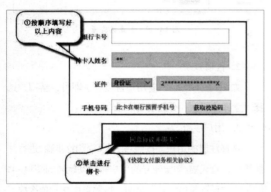

图 14-42 绑卡

图 14-44 水电煤缴费

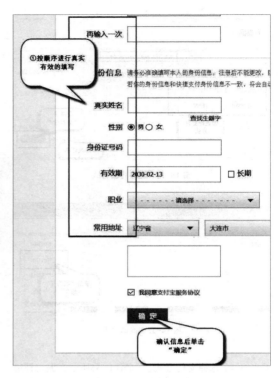

图 14-41 设置身份信息

图 14-43 进入支付宝

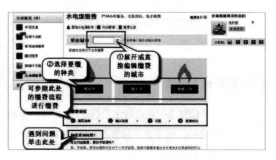

图 14-45 选择缴费种类

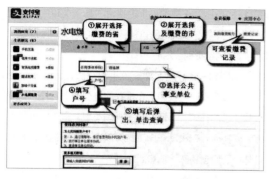

图 14-46　查询电费

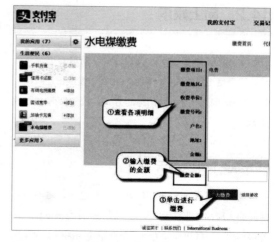

图 14-47　输入缴费金额

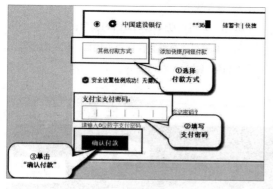

图 14-49　确认付款

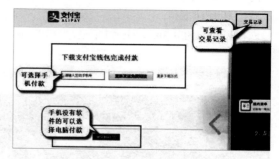

图 14-48　选择付款方式

图 14-50　打开腾讯视频

6. 查询电费

选择好缴费种类后，在图14-46所示的页面（以电费为例），填写缴费的省、市公用事业单位及户号，单击"查询"。

7. 输入缴费金额

如图14-47所示，确认缴费信息，输入要交的钱数，单击"去缴费"进行缴费。

8. 选择付款方式

单击"去缴费"后，在图14-48所示的页面中选择付款方式，没有手机"支付宝"的用户，单击下方的"继续电脑付款"。

9. 确认付款

如图14-49所示，选择一个方式进行付款，输入密码进行支付，单击"确认付款"。交易成功后，会看到"已成功"字样。

14.2 网上娱乐

科技的发展促进了人类的进步。简单的小游戏已经无法满足当代的人们，因此各种娱乐设施正在兴起。网上娱乐可以作为一种消遣的方式，缓解疲劳、释放压力。

14.2.1 影视类娱乐

影视娱乐是人们常用的娱乐方式之一，对不同年龄段的人群都有非常大的魅力。影视软件有很多种，且都很相似，以腾讯视频为例简单介绍使用影视类娱乐软件的具体步骤。

1. 打开腾讯视频

有腾讯视频的用户可以直接打开；没有的用户，如图14-50所示，在搜索引擎中搜索"腾讯视频"，单击"百度一下"，找到"腾讯视频"的官方网站并进入。

2. 浏览页面

如图14-51所示，打开腾讯视频后，可以不用登录，直接观看一些视频。在推荐的电视剧上方搜索栏可查找要看的视频，下面有很多视频类型，喜欢的可单击查看。按住右侧滚动条向下拉可以查看各种视频，如今日热门、原创精选、电影、综艺等。

3. 搜索视频

如图14-52所示，在页面上方的搜索条内输入要看的视频，单击"全网搜"。

4. 选择视频

搜索后，将自动弹出一个新的页面，如图14-53所示，海报右侧可以查看影视简介、集数、相关明星等，单击要看的集数进行观看。

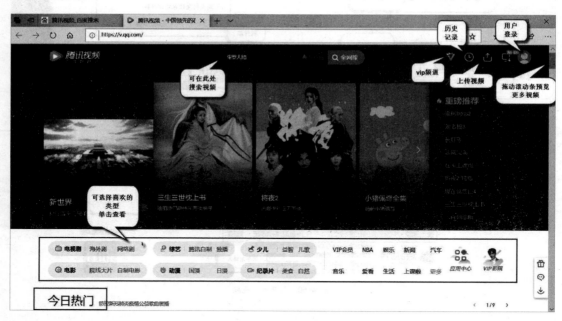

图 14-51 浏览页面

图 14-52 搜索视频

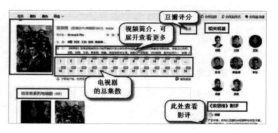

图 14-53 选择视频

5. 播放视频

选好剧集后单击即可播放。在图14-54所示的播放界面中，鼠标放入视频处可弹出工具栏，鼠标单击可暂停播放，下方工具栏的第一个按钮也可暂停播放，鼠标双击可进行放大、缩小，视频右侧可以选择播放的集数（有的需开通VIP才可播放），滚动滚动条可查看更多相关内容，按照图中所示进行操作即可。

6. 登录视频

腾讯视频在任意页面均可登录，如图14-55所示，单击右上角的灰色头像，登录视频。

7. 选择登录方式

如图14-56所示，选择一种方式按流程登录。

8. 开通VIP

现下，各影视业注重版权，很多影视的观看需要在开通VIP后才能进行，如图14-57所示，登录后，展开头像，单击金色的"开通"，也可直接单击头像进行开通。

单击"开通"后，将弹出图14-58所示的对话框，选择开通类型和支付方式后扫码付款即可。

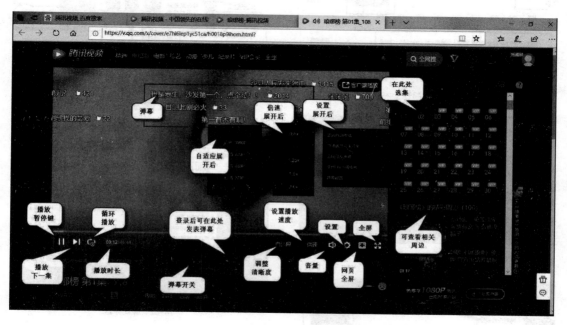

图 14-54 播放视频

图 14-55 登录视频

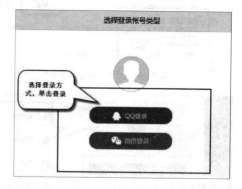

图 14-56 选择登录方式

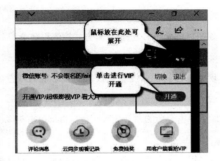

图 14-57 开通 VIP

图 14-58 扫码付款

图 14-59 打开"4399 小游戏"

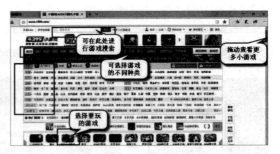

图 14-60 选择游戏

图 14-61 允许运行

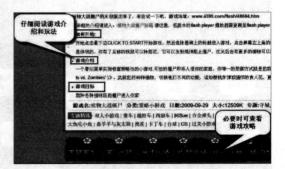

14-62 游戏介绍

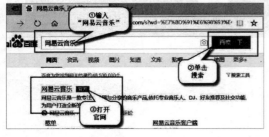

图 14-63 打开"网易云音乐"

图 14-64 用户登录

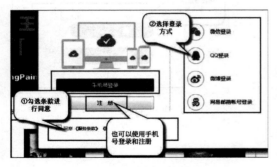

图 14-65 选择登录方式

图 14-66 页面浏览

14.2.2 游戏类娱乐

大多电脑用户的电脑中都会安装几个游戏软件。没有游戏软件的用户，需下载后才能操作，而线上游戏的优势就在于不需要下载也可娱乐，本书以4399小游戏为例简单说明。

1. 打开"4399小游戏"

如图14-59所示，在百度搜索条中输入"4399"进行搜索，找到官网并进入。

2. 选择游戏

如图14-60所示，在游戏页面选择心仪的游戏进行单击，滚动滚动条可查看更多小游戏，页面上方绿色工具栏为游戏分类。

3. 允许运行

打开游戏后，如图14-61所示，单击网页中央的灰色方块，在弹出的右侧方框中，单击"允许一次"。

4. 游戏介绍

如图14-62所示，允许运行后，按住滚动条向下拉，可以查看游戏介绍、玩法及攻略等内容（有的游戏介绍在游戏的右侧）。

14.2.3 音乐类娱乐

音乐可以使人们缓解疲惫，心情愉悦。本书以网易云音乐为例，介绍一些关于网易云音乐的基本操作。

1. 打开"网易云音乐"

如图14-63所示，在百度的搜索条中输入"网易云音乐"，单击官网并进入。

2. 用户登录

打开页面后，可以选择右上角的灰色字体"登录"，也可选择页面右侧的红色框图"用户登录"，如图14-64所示。

3. 选择登录方式

如图14-65所示，在弹出的"登录"对话框内先勾选条款进行同意，再选择登录方式。用户可以选择注册，操作简单，按照指示进行即可。

4. 页面浏览

如图14-66所示，登录后可在页面上方的黑色工具栏中查看歌单、寻找朋友、进行商城购物等，该工具栏下方的红色工具栏为音乐分类，可以单击查看音乐。

5. 搜索音乐

页面右上方有搜索条，输入要听的音乐，按"Enter"键前往相关页面，如图14-67所示。

图 14-67　搜索音乐

6. 选择音乐并播放

搜索后如图14-68所示，在搜索栏的下方工具栏选择搜索的种类。选好歌曲后，单击歌曲前方的"播放"图标可进行音乐播放，单击前方蓝色字体可查看歌曲详情。

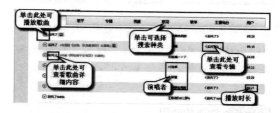

图 14-68　选择音乐并播放

7. 查看音乐详情

单击图14-68所示网页的前方蓝色字体后，弹出如图14-69所示的页面，可进行查看歌词、收藏歌曲、下载歌曲、查看评论等相关操作。

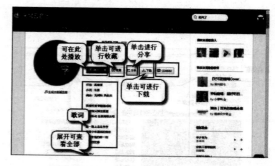

图 14-69　查看音乐详情

8. 查看歌单

如图14-70所示，收藏音乐后，回到主页，单击黑色工具栏中的"我的音乐"，进入后可在页面左侧查看歌单，在"歌曲列表"中查看收藏或下载的音乐。

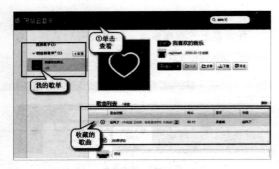

图 14-70　查看歌单

14.3　网上学习

学习是生活中必不可少的一部分，利用网络不仅可以进行娱乐，也可以用来学习。灵活运用网络进行学习往往会起到事半功倍的效果。

14.3.1　微课的使用

微课是综合性学习平台，里面包含了大量的课程供用户学习。下面我们以"荔枝微课"为例，介绍微课的几个简单操作。

1. 打开"荔枝微课"

如图14-71所示，打开搜索引擎（百度），输入"荔枝微课"进行搜索，找到官网并进入。

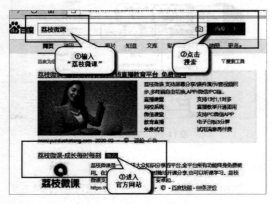

图 14-71　打开"荔枝微课"

2. 登录微课

进入"荔枝微课"后，在图14-72所示的页面中找到"我要听课"并单击登录。

图 14-72　登录微课

3. 选择登录方式

如图14-73所示，选一种合适的方式登录，按流程进行登录。

图 14-73　选择登录方式

4. 浏览页面

在图14-74所示的页面中可自由浏览，滚动页面右侧滚动条浏览更多内容，搜索栏下方条框可选择课程种类，最下方"开始学习"可查看用户添加的课程。

5. 学习课程

在图14-75所示的页面中搜索课程或浏览该页面后选择课程，将弹出类似图14-74所示的页面，在"课程介绍"中可查看课程的详细内容，选择"听课列表"可选择章节试听，确定学习后，单击"免费报名"可进行报名。

图 14-74　学习课程

6. 查找课程

在图14-75所示的页面中，单击下方"开始学习"，将弹出如图14-76所示的页面，单击"全部课程"可查看，页面右上角可进行每日签到和领取福利。

图 14-75　浏览页面

图 14-76　查找课程

直播课

网络直播课越来越受欢迎，本小节以"学而思"为例，介绍具体操作步骤。

1. 打开学而思网页

如图14-77所示，在搜索引擎中搜索"学而思"并单击搜索，找到官方网页并进入。

图 14-77　打开学而思网页

2. 用户登录

如图14-78所示，在打开的网页右上角找到"登录"，单击进入。

单击"登录"后，在图14-79所示的页面中，选择"验证码登录"可免注册直接登录，单击"登录"后将弹出图中左侧所示的对话框，设置年级后单击"提交"。

图 14-78　用户登录

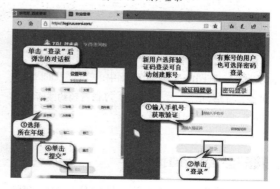

图 14-79　验证登录

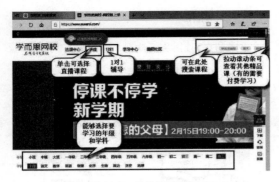

图 14-80　选择直播课程

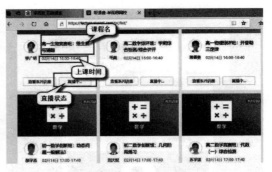

图 14-81　在讲座中选择课程

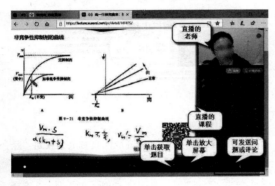

图 14-82　进入直播间

图 14-83　查看订单

3. 选择直播课程

如图14-80所示，用户可在"学而思"首页浏览选择推荐课程，也可以通过在搜索栏搜索关键词进行选择，单击网页上方"讲座"，可选择正在直播的课程进行学习。

4. 在讲座中选择课程

单击"讲座"后，在图14-81所示的页面中选择要学习的课程，课程下方显示学习的时间和状态，单击进入。

5. 进入直播间

进入直播课后，如图14-82所示，直播间下方可获取题目、查看课程、发送评论。

6. 查看订单

在图14-80所示的网站首页中，单击页面右上角"我的订单"，在图14-83所示的页面中，单击"我的应用"可查看订单，单击"我的讲座"可查看预约或听过的讲座。

14.3.3 资料的查找

有了网络，资料查找变得更加方便、快捷，省时又省力，许多资料不需要翻阅书籍就可以找到。接下来，以"百度"为例，简单介绍资料查找的具体步骤。

1. 输入关键字

一般的搜索引擎打开后将默认显示百度搜索，如图14-84所示，在百度的搜索栏中输入要查找的内容，单击"百度一下"进行搜索，单击"百度一下"左侧的"相机"图标可上传照片并查找照片内容。

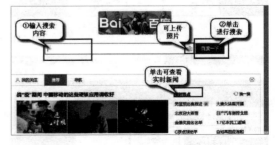

图 14-84　输入关键字

2. 选择相关资料

如图14-85所示，浏览相关链接查找资料。

3. 浏览资料

如图14-86所示，打开选择的资料进行查看，拖动右侧滚动条，进行页面浏览。

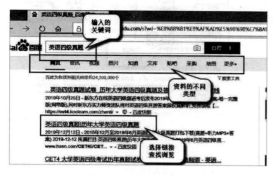

图 14-85　选择相关资料

图 14-86　浏览资料

14.4　网上咨询

当交通不便或资源有限，但用户确有问题需要咨询时，可以选择网上咨询。下面从法律、健康、招聘及其他几方面介绍网上咨询。

14.4.1　法律咨询

人们在生活中的方方面面都有可能需要寻求法律的援助，但"法律事务所"并不能广泛地分布在各个场所，因此网上法律咨询对一些用户，有着极大的作用。下面以"中国法网"为例，介绍网上法律咨询的具体步骤。

1. 打开"中国法网"

如图14-87所示，在搜索引擎中搜索"中国法网"，单击搜索，找到官网并进入。

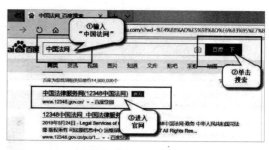

图 14-87　打开"中国法网"

2. 注册登录

如图14-88所示，在"中国法网"的网页上方单击"注册"将弹出图14-89所示的页面，按照页面指示，依次填写个人信息后单击"提交"即可注册。老用户直接选择登录即可。

图 14-88　注册登录

图 14-89　提交注册信息

3. 咨询法律问题

当有问题需要询问时，可在首页的搜索栏中输入询问的法律问题，提交后将出现图14-90所示的页面。页面中间为问题的答案，向下拉可看到与之相关的信息，在页面的上方可单击需要帮助的种类，如请律师、办公证等。

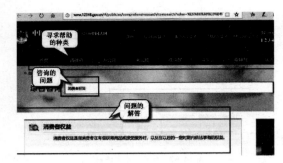

图 14-90　咨询法律问题

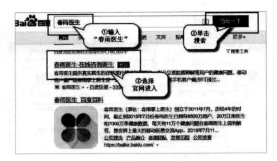

图 14-91　打开"春雨医生"

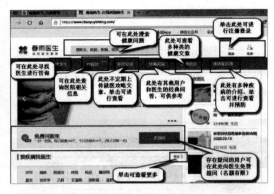

图 14-92　浏览网页

图 14-93　查找疾病

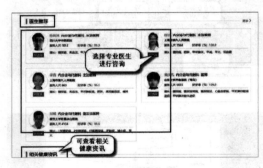

图 14-94　选择医生咨询

图 14-95　咨询医生

14.4.2　健康咨询

健康是人们日常生活中首要关心的问题，好的身体可以让家人安心、朋友放心。接下来以"春雨医生"为例，简单介绍健康咨询的基本操作步骤。

1. 打开"春雨医生"

如图14-91所示，打开搜索引擎搜索"春雨医生"，选择官网并进入。

2. 浏览网页

打开春雨医生首页可以看到，绿色工具栏显示了该网站的相关功能，具体功能见图14-92内的详细标注。页面右上角为用户注册、登录的通道。该网站每日

限量200名额进行免费一对一咨询，感兴趣的用户可前往提问。

3. 查找疾病

在首页的搜索栏中搜索要咨询的疾病，在图14-93所示的页面中可查看与疾病相关的各种介绍和以往的资讯记录。

如图14-94所示，向下拖动滚动条，可找到"医生推荐"，用户可选择专业医生进行更深层次的健康咨询。

4. 咨询医生

选好医生后，在如图14-95所示的页面中可查看医生简介和患者评价，也可向下拉查看经典问答。打开手

机，扫描右上角的二维码，关注该医生后可进行更深层次地健康咨询。用户也可以扫码购买图文咨询。

14.4.3 网络招聘与应聘

当下，一些工作人员喜欢在网络上进行招聘和应聘，这种方法不仅可以高效地进行筛选，也可以节省时间进行大范围寻找。本书以"58同城"为例，具体操作如下：

打开"58同城"。如图14-96所示，打开百度输入"58同城"前往搜索，选择官网浏览。

1. 用户招聘

如图14-97所示，找到"首页"下面的"招聘"字样，单击打开求职网页。

（1）发布招聘。在如图14-98所示的页面中，单击右上角"发布招聘"进行招聘。

（2）注册登录。单击"发布招聘"后，在图14-99所示的页面中选择登录方式，新用户选择动态码登录可免注册。

（3）填写招聘资料。登录后，在图14-100所示的页面中填写招聘信息，确认信息后单击"创建资料并发布"。

图 14-96　打开"58 同城"

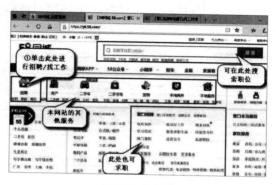

图 14-97　用户招聘

图 14-98　发布招聘

图 14-99　注册登录

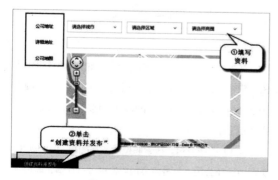

图 14-100　填写招聘资料

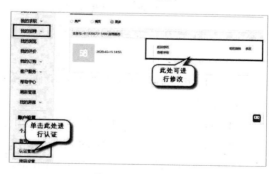

图 14-101　认证管理

（4）完成认证。招聘发布后，单击右上角"返回首页"，在首页的上方找到灰色字体"个人中心"，单击进入后，在图14-101所示的页面中，单击"用户设置"中的"认证管理"进行认证。

在图14-102所示的认证界面中任选一种方式进行认证，填写认证信息后，即可完成认证，进行招聘。

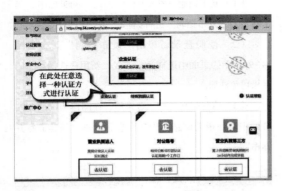

图14-102　完成认证

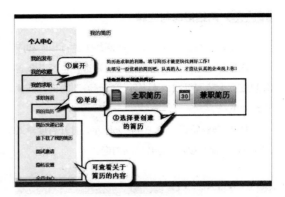

图14-103　填写简历

图14-104　查找职位

图14-105　选择公司

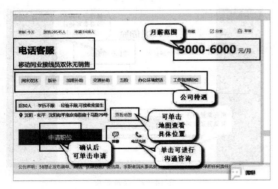

图14-106　职位申请

图14-107　查看结果

2. 用户应聘

除招聘外，用户也可在"58同城"中进行应聘，具体操作步骤如下。

（1）填写简历。在网站的首页点击"个人中心"，进入后，在图14-103所示的页面中展开"我的求职"，单击"我的简历"，选择创建的简历类型并进行创建。

（2）查找职位。在图14-97所示的网站首页中点击"招聘"后，用户可选择适合的工作进行应聘，弹出图14-104所示的页面后，在搜索栏中搜索应聘职位，单击"找工作"。

（3）选择公司。搜索职位后，在图14-105所示的页面中选择公司，单击该公司职位可查看详情，职位下方显示薪水、待遇。

（4）职位申请。选择公司后，单击进行查看，在图14-106所示的页面中可查看更多细节，有问题的用户可进行"微聊"或"电话沟通"，确认后可单击"立即申请"。

3. 查看结果

在网站首页的上方，单击"个人中心"，在图14-107所示的页面中，展开"我的求职"可查看求职结果；招聘结果可在"我的招聘"里查看。

14.5 居家服务和旅游

网络生活不仅包含购物、学习、娱乐等方面，还包含居家服务和旅游。下面，我们一起深度探索居家服务和旅游的奥秘。

14.5.1 查询地图

在不确认方位时，打开地图可以有效地防止迷路；在做旅游攻略时，打开地图可以规划路线。下面以腾讯地图为例，简单介绍查询地图的具体方法。

1. 打开"腾讯地图"

如图14-108所示，在搜索引擎中搜索"腾讯地图"，找到官网并进入。

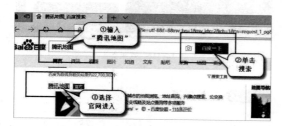

图 14-108　打开"腾讯地图"

2. 搜索目的地

如图14-109所示，在上方搜索栏搜索目的地，在搜索栏的下方选择地图呈现的方式，在页面左侧选择地址，在地图上出现的信息里选择起点。

3. 查找路线并保存

选好起点和终点后，在图14-110所示的页面左侧选择合适的前往路线，单击可展开路线的详细内容，确认

路线后，单击"发到手机"，进行扫码识别保存路线。

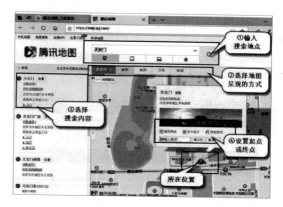

图 14-109　搜索目的地

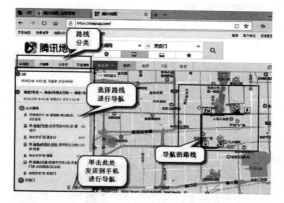

图 14-110　查找路线并保存

14.5.2 网上炒股

当下，最常用的炒股方式之一为网上炒股，操作、查看都比较方便。以"东方财富"为例，具体操作方法如下。

1. 打开"东方财富"官网

如图14-111所示，搜索"东方财富"，选择官网并进入。

图 14-111　打开"东方财富"

2. 用户开户

在图14-112所示的网页中找到页面上方的"东方财富证券",将其展开,单击"电脑开户"。

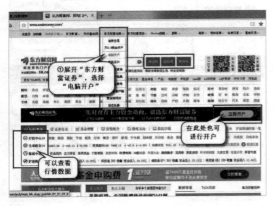

图 14-112　用户开户

3. 选择开户方式

在图14-113所示的页面中选择开户方式,单击二维码右上角的"电脑"图标可进行电脑开户。

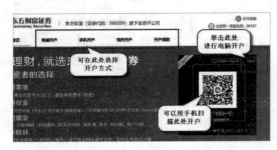

图 14-113　选择开户方式

4. 填写开户信息

如图14-114所示,先输入手机号并填写验证码,再单击"马上开户"。

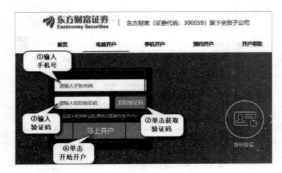

图 14-114　手机验证

进行开户时,将弹出图14-115所示的页面,按页面指示依次填写个人信息,确认后单击"下一步"并进行下一项信息填写。

需要注意的是,开户时要求填写的信息较多,请用户耐心填写。此外,开户时要准备好身份证。

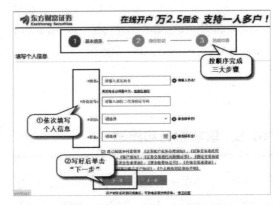

图 14-115　填写开户信息

5. 在线交易

在官网首页,找到"证券交易"并选中。进入后,在弹出的如图14-116所示的页面中填写账号、密码及验证码,并选择在线时间,单击"登录"。

图 14-116　在线交易

14.5.3 户外旅行

当用户选择不跟团旅行时,需要对旅行做好攻略,"驴友论坛"是一个含有旅游攻略且可以寻找驴友的论坛。使用该论坛的具体操作如下。

1. 打开"驴友论坛"

如图14-117所示,在搜索引擎中搜索"驴友论坛",选择官网并进入。

2. 查看攻略

在图14-118所示的网页中,单击上方工具栏中的"旅游旅行"则可查看旅游攻略。

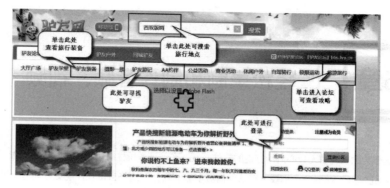

图 14-118　查看攻略

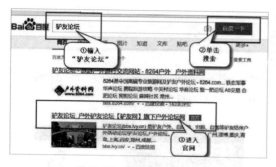

图 14-117　打开"驴友论坛"

单击"旅游旅行",在图14-119所示的页面中,拖动滚动条进行浏览,找到论坛中其他用户推荐的旅游攻略。

图 14-119　查看攻略

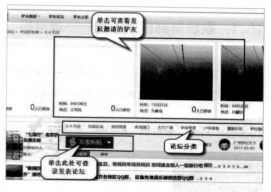

图 14-120　寻找驴友

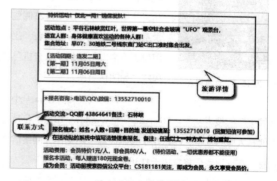

图 14-121　旅游详情

3. 寻找驴友

在图14-118所示的页面中点击"驴友游记"或"AA约伴",进入图14-120所示的页面,可单击上方的图片寻找驴友,也可以向下拖动页面找到"版块主题",然后浏览论坛。

进入论坛后仔细浏览,如图14-121所示,滚动页面,可查看旅行项目、活动费用、出发时间等,用户和打电话咨询。

4. 发表新帖

每个论坛都可以发表新帖。选择一个论坛进入后,点击进入"发表新帖",未登录的用户将弹出登录框,有账号的用户直接登录即可,没有账号的用户单击右上角的"注册"并按要求注册登录。

登录后用户要想发帖需注册会员,则需单击页面上方红色字体进行充值,充值完成后即可发帖。

第15章 | 轻松录制和制作音频、视频

Windows系统作为微软耗费无数心血而打造的软件系统，在保证系统性能优良的同时，还添加了许多软件，如本章要介绍的"录音机"和"Xbox"。相较于在软件商城下载的软件，这些自带软件能更好地适应平台。本章将以上述两个自带软件为例，详细介绍如何录制与制作音频和视频。

15.1 系统录制音频工具——录音机

"录音机"是Windows 10系统自带的一款录音软件，在满足用户基本录制需求的同时，可以对音频进行简单地处理。其界面简洁，菜单清晰，适合初学者使用。接下来介绍如何使用"录音机"软件。

15.1.1 打开"录音机"的方式

图 15-1 应用列表

（1）Windows 10系统依旧使用"开始"菜单的功能。单击屏幕左下角的"Windows"键打开"开始"菜单，菜单最左侧包含系统关键设置和应用列表，应用列表下滑即可找到"录音机"程序，如图15-1所示。

（2）使用"Cortana（小娜）"的搜索功能。"Cortana"是Windows 10系统自带的私人服务助手，可以用于搜索硬盘里的文件和网络信息。在这里我们将它用于打开系统应用。

单击屏幕左下方的搜索符号，在弹出的输入框中输入"录音机"，按"Enter"键打开应用，如图15-2所示。同时，我们也可以使用这种方式快速打开其他应用。

15.1.2 认识与操作"录音机"的基础界面与分区

打开程序后，我们可以看到屏幕中的程序主界面简洁、分区明确。

初次使用时，应用主页只有录音启动键；当存在历史文件时，界面分区会有所变化，如图15-3所示。

图 15-2 用 Cortana 打开"录音机"

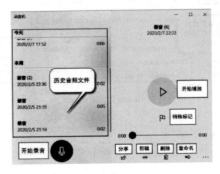

图 15-3 "录音机"主界面

位于左下角的圆形按钮是录音启动键。左侧上方按照时间顺序放置历史音频文件，易于查找，双击即可播放。右侧中部的圆形按钮控制音频的播放与暂停，旗形按钮用于在音频中设置标记点。下方横排的按钮分别控制音频文件的分享、剪辑、删除与重命名。

15.1.3 操作的开始、暂停与结束

单击界面左下方的录音启动键，界面切换到录制页面，同时开始录音，如图15-4所示。录音界面正中的圆形按钮控制录音的终止；第二行的左侧按钮控制暂停，暂停录制后再次单击即可继续录制，操作可多次进行；右侧按钮用于在音频中做标记。

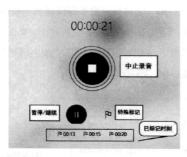

图 15-4　录制音频

15.1.4 音频特殊位置的标记

（1）录音过程中：标记可在录制过程中进行。在录制界面单击第二行的旗形按钮，添加标记，同时在界面下方会出现已标记的时刻，如图15-4所示。

（2）录制结束后：可以在历史音频文件上做标记。在左侧列表中找到想要标记的音频后，双击播放，单击界面下方旗形按钮并在对应时刻处添加标记，已标记时刻点在界面上方显示。

15.1.5 录制电脑内部声音

"录音机"通常用于录制外部音源，在录制电脑内部声音时，音频质量不高。但是，我们通过调整基本参数可以提高设备录制内部声音的能力。

图 15-5　打开录制设备列表

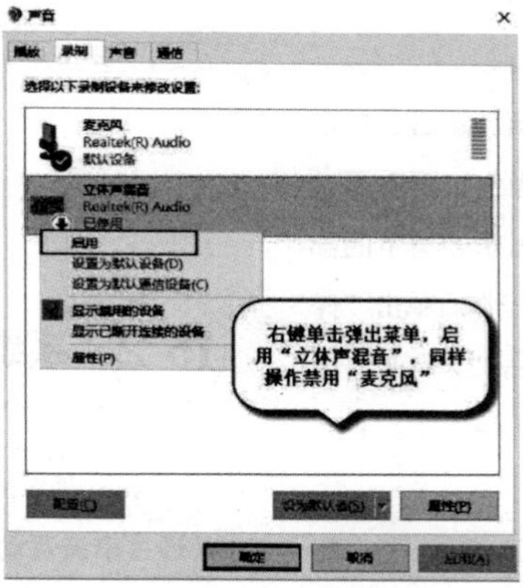

图 15-7　调整混音级别

图 15-6　启用"立体声混音"

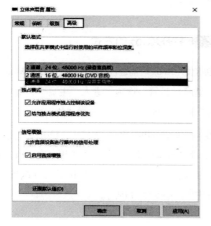

图 15-8　调节采样格式

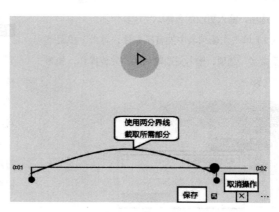

图 15-9　剪辑音频

首先，单击电脑桌面左下角的Windows图标，在弹出的选项中单击"设置"→"主页"→"系统"→"声音"，在弹出界面最右侧单击"声音控制面板"，单击上面的"录制"选项卡。在弹出的窗口中，右键单击空白区域，勾选菜单中的"显示禁用设备"选项，如图15-5所示。

鼠标右键单击"立体声混音"选项，在弹出的菜单中勾选"启用"菜单项，同样操作禁用麦克风，如图15-6所示。

然后，右键单击"立体声混音"设置项，单击下拉菜单中的"属性"选项。这时会打开"立体声混音属性"窗口，单击窗口中的"级别"选项卡，把立体声混音的数值调到最大，如图15-7所示。最后，单击菜单栏里的"高级"，选择"录音室质量"，单击"确定"按钮，完成操作，如图15-8所示。

15.1.6 ▶ 音频文件的剪辑

首先，在左侧列表中打开目标音频。然后，单击下方菜单中的"剪辑"按钮，切换到操作页面。通过调整进度条中前、后两个指针，框选出想要留下的部分。可单击播放键试听剪辑内容，确认操作后单击"保存"，保留更改。在操作结束之前，单击"×"号，可以取消操作，如图15-9所示。

15.1.7 ▶ 文件的重命名

文件的重命名，有以下两种方式。

（1）右键单击音频文件，在下拉菜单中选择"重命名"选项，输入更改的名称，完成操作。

（2）单击左侧列表中的音频文件，单击下拉菜单中"重命名"选项，输入更改的名称，完成操作，如图15-10所示。

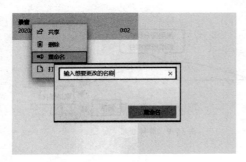

图 15-10　重命名

15.1.8 ▶ 打开与更改音频文件的存储位置

历史文件均在左侧列表中存放。单击列表中的文件，单击下拉菜单中"打开文件位置"按钮，界面切换到文件存放的文件夹。

若要更改音频文件的存储位置，则首先单击"Windows"键弹出菜单，然后单击"设置"选项，接着单击"存储"，选择"更多存储设置"按钮，单击"更改新内容的保存位置"，完成操作，如图15-11所示。最后将"新的文档存储位置"更改为想要设置的磁盘，完成操作，如图15-12所示。

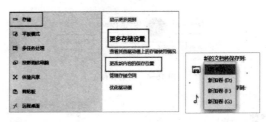

图 15-11　打开系统设置　　图 15-12　更改存储磁盘

15.2　系统录制视频工具——Xbox

Xbox是Windows 10系统内置的一款游戏软件，可以通过串流互动，将Xbox的画面传输到终端上，并且还被用于游戏记录。本节将讲述如何拓展此功能用于录制屏幕活动。

15.2.1 ▶ 打开Xbox的方式

初次使用Xbox时需进行系统设置。单击"Windows"按钮，选择"设置"选项，进入"主页"，最后单击"游戏"按钮。在"游戏栏"开启"使用游戏栏录制游戏剪辑、屏幕截图和广播"，如图15-13所示。

使用Cortana的搜索功能，单击屏幕左下方的搜索符号，在弹出的输入框中输入"Xbox"，按"Enter"键打开应用，如图15-14所示。

15.2.2 认识与操作Xbox基础界面与分区

进入程序后，桌面上方弹出主菜单。界面最左侧显示时间，右侧依次放置"覆盖菜单""音频""捕获""性能""Xbox社交""设置"选项卡。单击对应按钮可展开操作界面，如图15-15所示。

15.2.3 录制的开始与结束操作

首先，单击"捕获"选项卡展开子菜单。然后，单击"录制"按钮，弹出录制计时窗口，同时开始录制，如图15-16所示，再次单击结束录制。

15.2.4 调整音频录制参数

为了调整音频的录制参数，单击"Windows→设置→主页→游戏→屏幕截图"，进入设置界面，如图15-17所示。

勾选"在我录制游戏时录制音频"选项，确保将声音与屏幕活动一起录制。

如果需要使用麦克风，则开启"在我录制时默认打开麦克风"；也可以在录制过程中，开启"捕捉"菜单中的"麦克风"。

如果需要改变音频质量，则单击"音频质量"，在弹出的下拉菜单中选择目标值。

如果需要调整麦克风或系统的音量，则可以通过调节滑块完成。

如果只需录制当前软件中的音频，则开启"仅录制游戏音频"。

15.2.5 提高视频录制的流畅度与清晰度

系统的初始设置为较低的帧速率和视频质量，目的是减少对游戏运行的影响。当我们录制屏幕活动时，可以根据需求确定最佳设置，单击"Windows→设置→主页→游戏→屏幕截图"。使用鼠标中键下滑菜单至"录制的视频"，设置帧速率为 "60fps"并选择"高"质量，如图15-18所示。

15.2.6 选择录制自动结束的时长

为了在达到某时长自动保存视频，可以设置剪辑的最长录制时间。单击"Windows"按钮，选择"设置"，切换至"主页"，打开"游戏"菜单中的 "屏幕截图"，从"录制时间"下拉菜单中选择最长的录制时间即可，如图15-19所示。

图 15-13　进行初始设置

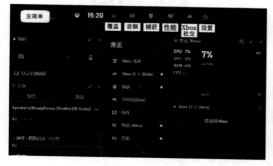

图 15-15　Xbox 的基础界面

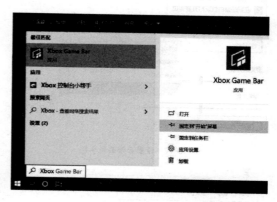

图 15-14　打开 Xbox

图 15-16　录屏界面

15.2.7 捕捉鼠标光标

录制屏幕活动时，有时需显示鼠标光标的运行轨迹。单击"Windows→设置→主页→游戏→屏幕截图"，勾选"在录制中捕获鼠标光标"选项，完成操作，如图15-18所示。

15.2.8 打开与更改视频文件的存储位置

屏幕截图和剪辑的文件的自动存储位置默认为"C：>用户>DELL>视频>捕获"，如图15-20所示。

录制结束时，屏幕上会弹出"游戏剪辑已录制"界面，单击可以快速访问该位置。

若要更改保存录制剪辑的位置，则可使用文件资源管理器，根据需要将"捕获"文件夹移动到电脑上的任意位置。录制剪辑和屏幕截图会跟随文件夹一起移动。

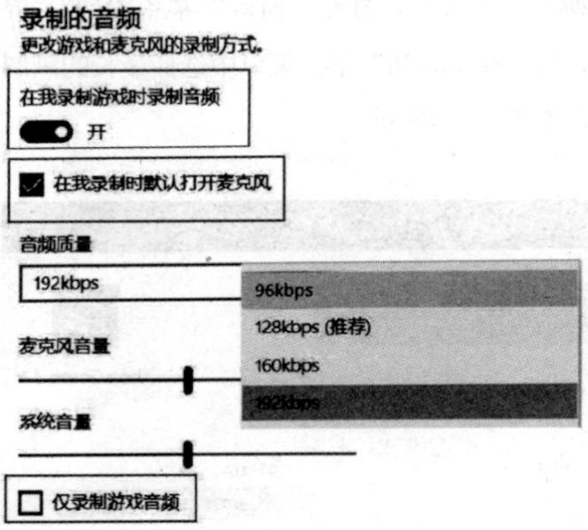

15.2.9 使用快捷键操作Xbox

使用键盘快捷键进行操作可以提高工作效率。在Windows 10 Xbox中针对游戏录制及截图的相关内容设置了多组快捷键。常用的快捷键操作有以下几种。

Win+G：开启游戏录制工具栏。

Win+Alt+G：录制。

Win+Alt+R：开始/停止录制。

Win+Alt+PrtScn：游戏屏幕截图。

Win+Alt+T：显示/隐藏屏幕录制计时器。

用户可以根据个人喜好重设快捷键，单击"Windows"按钮，单击"设置"，切换至"主页"，打开"游戏"菜单中的"游戏栏"。选定输入框后，直接在键盘上敲击组合按键，完成设置，如图15-21所示。

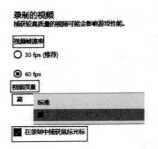

图 15-18　提高录制视频的流畅度与清晰度

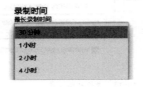

图 15-19　更改录制时间

图 15-17　设置音频录制参数

图 15-20　屏幕截图和剪辑文件夹

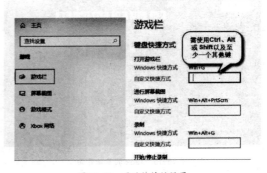

图 15-21　更改快捷键设置

15.3 使用迅捷音频转换器制作音频

迅捷音频转换器是一款比较容易操作的音频处理软件，适合新手使用。相较于"录音机"，迅捷音频转换器的功能更为丰富，具有音频剪切、合并、转换、提取等多项功能，几乎能满足大多数用户的需求。本节将详细介绍从下载、安装到使用的操作过程。

15.3.1 下载与安装迅捷音频转换器

使用浏览器搜索并进入迅捷视频官网，单击"软件下载→迅捷音频转换器"进入下载页面，单击屏幕下方的"下载软件"，完成操作，如图15-22所示。

下载完成后，双击运行文件，弹出如图15-23所示的左侧界面，勾选"同意用户许可协议"，单击"立即安装"，进入如图15-23所示的右侧页面，等待安装至100%，完成安装操作。

15.3.2 认识与操作迅捷音频转换器的界面与分区

双击桌面图标进入软件，如图15-24所示。界面分区明确，常用区域可分为五部分。

左上方一栏为菜单栏，放置功能选项卡，单击可跳转至新界面进行具体操作；左侧中部的方形区域为文件存放区，导入的文件都罗列在这个区域；右下角为音频播放区，音频提取与剪切操作主要在该区域进行；另外两部分则控制后期处理，分别管理文件的输出格式与存储位置。

15.3.3 添加文件及文件夹

使用"迅捷音频转换器"处理音频，首先要将代办文件导入软件。

单击"添加文件"，在弹出界面中搜索并选中音频，单击"打开"，将文件导入软件，完成操作，如图15-25所示；或者通过单击"添加文件夹"按钮批量导入音频。

15.3.4 剪切与分割音频

该功能可将完整的音频根据用户的需求进行剪辑切割。单击"音频剪切"选项，跳转至操作界面。选定音频文件后，可以看到右边有一个编辑框，如图15-26所示，在里面就可以进行音乐的剪辑处理，共有三种模式。

图 15-22　下载"迅捷音频转换器"

图 15-23　安装界面

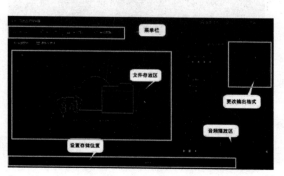

图 15-24　"迅捷音频转换器"主界面

图 15-25　导入文件

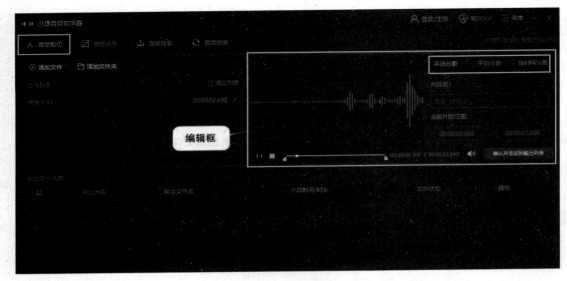

图 15-26 "音频剪切"界面

1. 手动分割

"手动分割"是指用户根据自己的需求自主操作剪辑视频。当选择"手动分割"时，首先要移动进度条上的指针，将目标音乐片段分割出来；或者在"当前片段范围"方框中直接更改时刻点，单击"确认并添加到输出列表"。如果不喜欢，也可以选择"移除"，最后在列表中单击"剪切"，完成操作，如图15-27所示。

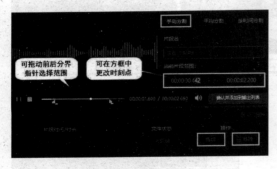

图 15-27 手动分割

2. 平均分割

在音乐编辑栏中找到"平均分割"按钮，如图15-28所示。单击"平均分割"音乐就会根据长度分割成若干段，系统默认设置为两段。单击"分割片段数量"，在下拉菜单中选择不同的分割数量，单击"确认并添加到输出列表"，最后"剪切"，完成操作。

3. 按时间分割

单击"按时间分割"→"片段时间长度"，在下拉菜单中输入想要截取的时间长度，软件就会自动根据时长分割音乐，单击"确认并添加到输出列表"，单击"剪切"，完成操作，如图15-29所示。

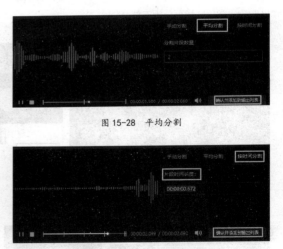

图 15-28 平均分割

图 15-29 时间分割

15.3.5 合并音频

单击"音频合并"，选择"添加文件"将待操作的音频添加到软件中，然后根据需求剪切并调整顺序。这个顺序就是合成版中音频片段的顺序。有需要的用户也可以单击右侧菜单中的剪辑，剪出目标片段，最后通过点击"开始合并"合并音频，如图15-30所示。

15.3.6 从视频文件中提取音频

在软件中添加待提取的视频文件，通过调整指针截取目标片段，然后单击右下角的"确认并添加到输出列表"，最后单击"全部提取"，完成操作，如图15-31所示。

15.3.7 转换音频格式及音频声道

该功能可用于解决音频在某些软件中不能正常播放的问题。首先单击"音频转换"，然后将转换的音频添加到软件中。这时，在屏幕右侧有一个输出格式和编辑栏，根据需要选择转换后的音乐格式、质量及声道，单击"全部转换"，完成操作，如图15-32所示。

15.3.8 打开与更改文件的存储位置

主界面的最下方是设置存储位置的菜单栏，单击"打开文件夹"，弹出文件存储文件夹。存储位置可以调整，单击"更改目录"，在弹出界面中选择目标存储位置即可，如图15-33所示。

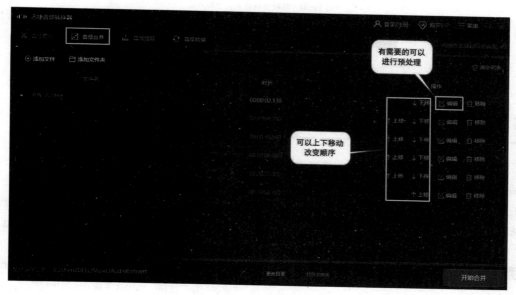

图 15-30　音频合并

图 15-31　提取音频

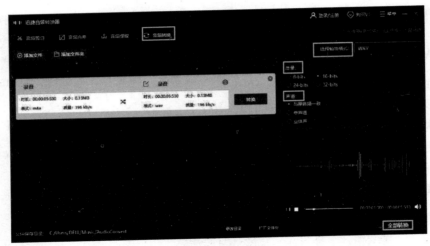

图 15-32   转换音频格式及音频声道

图 15-33   打开与更改文件存储位置

15.4 使用爱剪辑制作视频

"爱剪辑"是一款视频剪辑软件，界面菜单用词贴近生活，避免了由于用户对专业名词的陌生而造成的使用障碍。接下来将详细介绍"爱剪辑"的使用方法。

15.4.1 下载与安装

使用浏览器搜索并进入爱剪辑官网，单击"立即下载"，完成操作，如图15-34所示。

下载完成后，双击运行文件，弹出如图15-35左侧界面。根据系统的提示按流程安装即可，用户可自主选择软件安装位置。

15.4.2 认识与操作爱剪辑界面与分区

双击桌面快捷方式进入软件，屏幕中弹出程序，新建文件进入软件主界面，常用区域为三部分，如图15-36所示。

左上方一栏为菜单栏，放置功能选项卡，单击可跳转至新界面进行具体操作。中间的矩形区域是功能菜单区，在这个区域调整参数或添加特效。右侧为播放

区，可在此处试听编辑的音视频文件。

15.4.3 添加及剪裁视频

1. 添加视频

首先单击软件主界面上方的"视频"按钮，然后单击视频菜单下方的"添加视频"按钮，如图15-37所示；或者通过双击界面下方"已添加片段"列表的"双击此处添加视频"添加视频；也可以直接单击面板中"添加视频"按钮。使用这三种方法添加视频时，均可在弹出的文件选择框中对要添加的视频进行预览，然后选择导入即可。

2. 剪裁视频

单击播放区进度条下的小三角打开时间轴，移动指针选取要分割的时间点。剪辑视频片段时，可根据需要使用键盘的"＋""－"进行放大或缩小时间轴。完成操作后，单击"确定"保存更改，如图15-38所示。

其他快捷键：

①"上下方向键"（可用于逐帧选取画面）。

②"左右方向键"（可以进行五秒钟的左右移动，选取画面）。

③"Ctrl+K"或"Ctrl+Q"（可以一键分割视频）。

15.4.4 添加音频特效

1. 添加音频

完成视频后，单击"音频"按钮跳转至操作面板，单击"添加音频"按钮，在弹出的下拉框中，选择"添加音效"或者"添加背景音乐"选项。然后选择要添加的音频文件，进入"预览/截取"界面，截取音频片段，接着单击"以上音频将被默认插入到："选项卡，选择目标选项，单击"确定"按钮，完成操作，如图15-39所示。

2. 截取音频

如果导入的音频不能直接使用，则需要进行修改。单击"音频"按钮跳转至操作界面，选中要修改的音频，根据个人需要在"音频在最终影片的开始时间""裁剪原音频""预览/截取"处修改即可。若要删除音频，则选中待删除的音频，单击列表右下角的"删除"按钮，完成操作，如图15-40所示。

图 15-34 下载"爱剪辑"

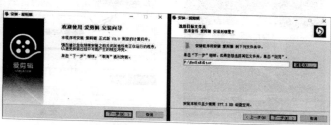

图 15-35 安装"爱剪辑"

图 15-36 "爱剪辑"主界面

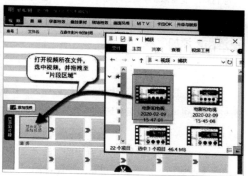

图 15-37 拖拽法添加视频

图 15-38 剪裁视频

图 15-39　添加音频

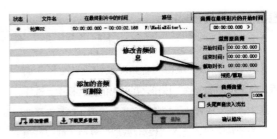

图 15-40　截取音频

图 15-43　添加特效

图 15-41　定位添加字幕的时间

图 15-42　给视频添加字幕

图 15-44　调整字幕样式

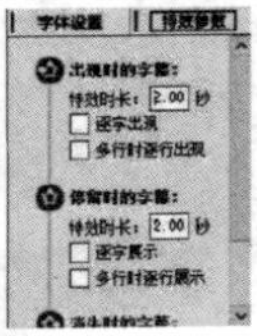

图 15-45　设置字幕特效的持续时长和速度

15.4.5 添加字幕

1. 设置字幕内容

（1）在主界面单击"字幕特效"选项卡，在视频播放区调整进度条上的指针到要添加字幕的位置，如图15-41所示。

（2）双击视频播放区，在弹出的"输入文字"菜单中输入字幕内容，另外可以单击"顺便配上音效"插入音效，单击"确认"按钮，完成操作，如图15-42所示。

2. 给字幕添加特效

单击要添加特效的字幕，使其处于带方框的可编辑状态。在"字幕特效"界面的左上角排列着"出现特效""停留特效""消失特效"三类特效，勾选相应的特效前面的圆圈即可应用。如果需要取消某种特效，则再次单击对应的圆圈即可，如图15-43所示。

3. 设置字幕字体、颜色、阴影等样式效果

单击视频播放区左侧的"字体设置"选项，可以调整字幕的字体、字号、对齐方式、颜色等参数，如图15-44所示。

4. 调整字幕位置

选中字幕，使其处于带方框的可编辑状态，然后用鼠标左键按住字幕，拖动鼠标调整位置。同时，也可以使用键盘的"↑""↓""←""→"方向键进行微调。

5. 设置字幕特效的持续时长和速度

在视频播放区左侧的"特效参数"菜单，可以设置字幕的特效时长，可以控制字幕的特效速度，三类特效时长的和即为字幕的持续时长，如图15-45所示。

6. 修改字幕的出现时间

单击选中字幕，使其处于可编辑的带方框状态后，通过快捷键"Ctrl+X"将字幕剪切，调整播放区进度条上的指针到正确的时间点，通过快捷键"Ctrl+V"粘贴字幕。

7. 快速查找及修改字幕特效

当我们添加了许多字幕时，如果需要快速搜索，则可以在"字幕特效"面板右下角"所有字幕特效"列表中查找。选中需要修改的字幕特效，软件会在视频播放区进行自动定位，并出现带方框的可编辑字幕，对字幕进行修改，就能完成操作，如图15-46所示。

图 15-47　给视频添加贴图

图 15-46　搜索及修改字幕特效

15.4.6 在视频中叠加素材

接下来介绍在视频中叠加素材的方法。我们以叠加图片或水印为例进行讲解。

1. 为视频添加图片或水印

（1）单击"叠加素材"按钮切换至操作界面，单击界面最左侧的"加贴图"按钮。

（2）调整播放区进度条上的指针到要添加贴图的时间点。

（3）双击播放区，在弹出的"选择贴图"对话框中添加贴图。可以使用系统素材，也可以自己导入图片。另外，单击"顺便配上音效"可以为贴图配上音效，如图15-47所示。

2. 设置贴图格式

（1）添加贴图回到主界面后，贴图已处于带方框的可编辑状态。我们可以单击方框的顶点或边上的小圆点并拖动鼠标，改变贴图的大小、方向。当需要删除贴图时，单击素材右上角的"×"即可，如图15-48所示。

图 15-48　编辑贴图

（2）在左侧"加贴图"菜单的特效列表中，勾选要添加的特效。

（3）在"贴图设置"栏，进行更详细的设置，如图15-49所示。

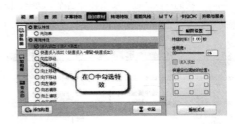

图 15-49　设置贴图的动态特效和详细信息

3. 搜索并修改已添加的贴图

当贴图数量过多时，修改素材可能出现困难，这时可以在"叠加素材"面板右下角"所有叠加素材"列表中查找。选中需要修改的贴图特效，软件会在视频播放区进行自动定位，在播放区可以调整它的大小、方向等；同时，可以在特效列表中更改应用特效，在"贴图设置"菜单栏完成修改。如果想删除贴图，则在"所有叠加素材"菜单栏选中需要删除的贴图，单击右上角的"垃圾桶"，完成操作，如图15-50所示。

15.4.7 设置转场特效

1. 添加转场特效

当在两个视频A和B之间添加转场特效时，假设视频A为前者，B为后者，我们只需选中B应用转场特效即可，操作如下。

（1）单击"转场特效"，在弹出界面底部"已添加片段"列表中选中视频片段B。

（2）在"转场特效"列表中，选择需要应用的转场特效。

图 15-50 搜索及修改贴图

（3）单击"转场设置"菜单栏的"转场特效时长"按钮设置持续时长，再单击"应用/修改"按钮即可。同时，我们可以通过"搜索转场名称"功能，快速搜索转场特效，如图15-51所示。

图 15-51 添加转场特效

2. 修改转场特效

在"已添加片段"中选中目标视频，然后打开"转场特效"菜单，双击选中目标特效，在"转场设置"菜单栏进行修改，单击底部的"应用/修改"按钮，完成操作，如图15-52所示。

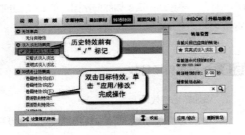

图 15-52 修改转场特效

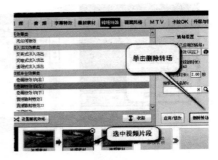

图 15-53 删除转场特效

3. 删除设置好的转场特效

在"已添加片段"中选中目标视频，然后单击主界面上方的"转场特效"，单击右侧"转场设置"菜单栏底部的"删除转场"按钮，完成操作，如图15-53所示。

15.4.8 添加滤镜及动景特效

"爱剪辑"配备有丰富的滤镜与动景特效，操作简单，一键应用。

（1）单击"画面风格"按钮，在界面底部的列表中挑选目标视频片段。

（2）在左侧菜单栏单击"滤镜"，选择需要应用的滤镜效果。

（3）在效果列表右侧"时间设置"菜单中"修改风格时间段"处设置持续时长，单击"确认修改"按钮，完成操作，如图15-54所示。

选择菜单栏中的"动景"进入操作页面，设置动景特效，操作方法与设置滤镜的方法相似，不再赘述。

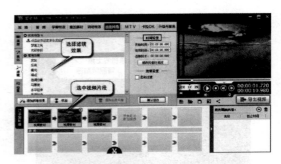

图 15-54 选择滤镜效果

15.4.9 ▶ 补充下载特效素材

在"爱剪辑"主界面中单击上方菜单栏中的"升级与服务"→"素材中心",进入官方素材补充库。素材补充库设置有"素材特效""炫光特效""片头特效""动景特效"四大类别,用户可以根据个人需要补充素材,如图15-55所示。

15.4.10 ▶ 设置视频导出参数及存储位置

视频编辑完成后,单击视频播放区右下角的"导出视频",弹出"导出设置"界面。在该界面中可编辑视频基本信息、视频参数及存储位置,用户可根据需要调整,如图15-56所示。

图 15-55　素材下载

图 15-56　设置视频导出参数及存储位置

第16章 | 照片及图形/图像的特效制作

Windows 10系统兼容强大、性能完备，内置很多出色的应用，却很少被充分利用。比如，用户在处理图像文件时常常在应用商店搜索适用的软件，而将功能类似的内置应用闲置。本章将帮助你更好地利用系统软件完成照片及图形/图像的特效制作。

16.1 系统绘制静态图形工具——画图

"画图"是Windows系统自带的一款经典软件。该软件可以用于绘制简单的图像；也可以对扫描图片进行编辑；通常也被用于图片格式转换，可使用BMP、JPG、GIF等多种格式。

16.1.1 打开"画图"的方式

使用Cortana的搜索功能，单击屏幕左下方的搜索符号，在弹出的输入框中输入"画图"，按"Enter"键，打开应用，如图16-1所示。

16.1.2 认识与操作"画图"基础界面与分区

"画图"应用主界面由三部分组成："快速访问工具栏""画图区域"和"功能区"，如图16-2所示。

1. 快速访问工具栏

"快速访问工具栏"菜单栏包括三个选项卡，分别是"文件""主页"和"查看"。单击"文件"展开下拉菜单，可进行新建、保存、打印及分享等多项操作，菜单右侧显示历史文件，可快速打开，如图16-3所示。单击"主页"选项卡可打开画板及"功能区"，绘制图像或进行照片的编辑。"查看"菜单则设置标尺、网格线等工具，同时可放大或缩小，辅助图像的审阅。

2. 功能区

单击"快速访问工具栏"菜单栏中的"主页"按钮，跳转至"功能区"。"功能区"包含笔刷、橡皮、颜色等基本绘制工具，还包含粘贴、选择、旋转等基本操作工具，如图16-4所示。

16.1.3 画布的新建与保存

单击"快速访问工具栏"的"文件"，弹出下拉菜单，单击"新建"生成空白画板，完成绘制后同样执行"快速访问菜单栏→文件→保存"命令，设置存储地址，如图16-5所示。另外，也可以通过单击主界面左上方的 ■ 标志保存图形。

16.1.4 选择绘笔类型

在"功能区"的"绘画工具区"有多种画笔类型，用户可根据个人需要选择，如图16-6所示。工具区包括铅笔、橡皮和九种类型的刷子。刷子可以根据需要选择笔迹的粗细。不同的笔刷具有不同的绘画效果，如图16-7所示。

16.1.5 颜色的选择及自定义

画笔可根据个人需求选择颜色，如图16-8所示。

在右侧标志有"颜色1"和"颜色2"，通常边框由"颜色1"控制，"颜色2"与橡皮一起使用，同时用于形状填充，即形成画布的颜色。因此，勾画图形时调整"颜色1"选项即可。在右侧的"颜色"栏，放置有多种常用色彩，单击彩色方框选中对应颜色，"颜色1"方框会变为相同色彩。当需要其他色彩时，单击"编辑颜色"，弹出调色界面，如图16-9所示。

　　十字形标签的上下移动可以控制色彩的饱和度，左右移动可以控制色调，最右侧小三角的上下移动则控制颜色的亮度。同时，可以直接在对应参数的小方框中填写目标颜色的指数。选好颜色后，单击"添加到自定

义颜色"→"确定"，完成创建。此时，创建的色彩会出现在功能区的颜色选项中，便于多次使用。

　　我们可以识别图像中的色彩并应用到自己的绘画中。该操作需要用到的工具是工具栏的取色器，单击取色器，对准想要吸取的颜色单击鼠标左键，则画笔颜色就变为对应颜色，如图16-10所示。

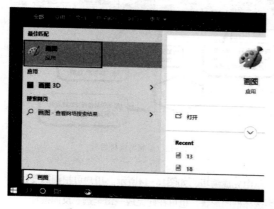

图 16-1　用 Cortana 打开 "画图"

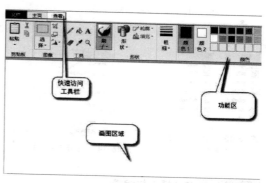

图 16-2　"画图" 主界面

图 16-3　"文件" 菜单

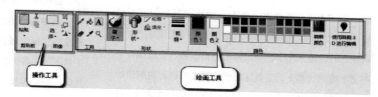

图 16-4　功能区界面

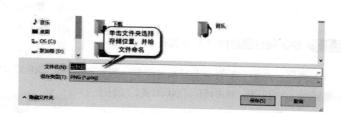

图 16-5　存储文件

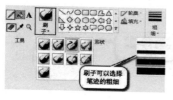

图 16-6　选择绘笔类型

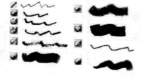

图 16-7　"刷子" 笔迹示例

图 16-8　功能区的颜色板块

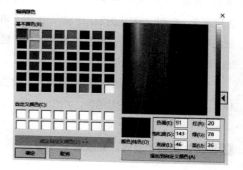

图 16-9　编辑颜色

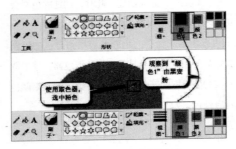

图16-10 使用取色器编辑颜色

图16-13 调整图形轮廓及填充参数

图16-14 "选择"菜单栏

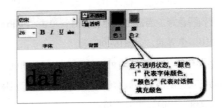

图16-11 编辑文字

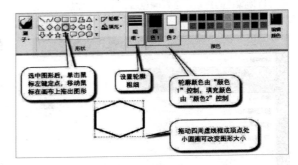

图16-12 绘制与编辑图形

16.1.6 文字的插入与编辑

在"画图"中也可以编辑文字信息。单击"工具区"的"A",在画布上单击左键拖动鼠标绘制对话框,松开左键,完成操作。对话框处于带虚线框的可编辑状态时,输入文字,单击画布空白区域,完成操作。在文字编辑状态下,工具区出现新的菜单栏,对编辑的文字可进行字体、字号、颜色和背景设置,如图16-11所示。

16.1.7 快速操作图形的绘制与填充

在"画图"系统中配置有多种几何图形,如矩形、椭圆形、六边形等。单击可获得形状样式,绘制过程中可以自主调整大小。单击"工具区→形状"的下拉箭头,在展开列表中选择一种图形,在画布上单击鼠标左键定点,拖动鼠标拉出图形。绘制的图形处于带虚线框的可编辑状态,此时可以调整图形的大小、轮廓粗细、颜色,如图16-12所示。

单击下拉"轮廓"或"填充"菜单可以设置笔迹样式,如纯色、蜡笔、记号笔等,如图16-13所示。

16.1.8 剪裁、旋转、缩放选定区域

在"快速访问工具栏→操作工具菜单栏→选择"菜单中完成编辑,如图16-14所示。用户可根据需要挑选选择框的形状,也可在此完成一键全选、反向选择、删除、透明选择等操作。

选中选择框后,在画布中单击鼠标左键,拖动鼠标选中目标区域,使其处于待编辑状态。此时,"操作工具区"的各选项卡都可以使用,可进行剪切、复制、裁剪、旋转等操作,如图16-15所示。更改区域的大小可以拖动虚线方框的边或顶点,也可在"重新调整大小"菜单中通过更改数值更改大小和倾斜度。特别注意,为了在移动选中区域后,原来区域与画布同色,应将"颜色2"设置为画布颜色。以图16-15为例,图中应将"颜色2"设置为与画布同色,设置为白色。

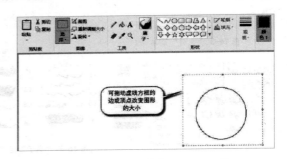

图16-15 编辑选中区域

16.1.9 在画布上叠加外源素材

在绘制过程中,如需在图形上叠加外源素材,则

可使用"粘贴"功能。单击"粘贴→粘贴来源",如图16-16所示。在弹出的界面上选择文件导入,调整大小和位置,完成操作。

16.1.10 撤销及重做操作

在操作过程中,我们常会遇到手滑失误的情况,这时我们不必删除、新建画板,而是可以通过撤销键完成修改。在主界面的最上方有两个蓝色的箭头。单击左箭头一次可以撤销上一步的操作,单击右箭头一次可以取消上一步的撤销。两个按键结合使用可以轻松更改错误部分,如图16-17所示。

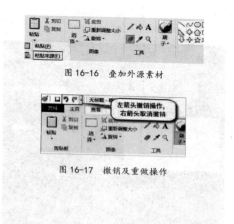

图16-16 叠加外源素材

图16-17 撤销及重做操作

16.2 系统处理图像工具——照片

16.2.1 打开"照片"的方式

使用Cortana的搜索功能,单击屏幕左下方的搜索图标,在弹出的输入框中输入"照片",按"Enter"键,打开应用,如图16-18所示。

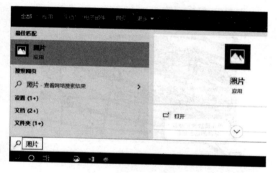

图16-18 用Cortana打开"照片"

16.2.2 认识与操作"照片"的基础界面与分区

单击桌面图标进入软件,软件主界面如图16-19所示。主界面上方的菜单栏包括"照片"和"视频项目"。在本节,我们主要介绍"照片"项目,菜单栏按照"相册""人物"和"文件夹"对图片进行分类,用户可以根据自己的习惯归类图片。在文件数量过多时,可使用幻灯片放映浏览文件,同时可在搜索框搜索。

图16-19 照片主界面

找到文件后,单击图片切换到操作界面,如图16-20所示。在界面顶部的工具栏区域可以进行缩放、裁剪、旋转等操作;鼠标移动至左右两边会出现黑色小箭头,单击可左右浏览照片;单击界面右下角的双箭头图标,可全屏查看图像。

图16-20 图片编辑界面

16.2.3 图片的旋转与剪裁

单击"工具区"的"裁剪"弹出操作界面,如图16-21所示。单击"旋转"按钮,每次可以将图片顺时针旋转90°;单击"翻转"按钮,每次可以将图片顺时针旋转180°。进行裁剪操作时可拖动正方形操作框的四个顶点,或者在右侧工具栏设置"纵横比"。保存操作有两种选择,可以选择"保存副本",这一步是在原图保留的同时将更改过的图片新建一个文件;也可以选择"保存",相当于在原图上修改。

16.2.4 添加滤镜并调整图像参数

"照片"软件也可以添加简单的滤镜。在图片编辑界面单击"裁剪"→"滤镜",进入选择界面。在界面右侧有十六种滤镜,单击选中,点击"保存"或"保存副本",完成操作。若操作失误,则点击界面顶部返回箭头,撤销操作,如图16-22所示。

在图片编辑界面,单击"调整"按钮,可以对照片参数进行简单地修改。拖动右侧编辑栏选项下的滑轮,可调整图片的光线、颜色、清晰度及晕影,同时针对人物拍摄时,"红眼"与"斑点祛除"可以发挥作用。"红眼"功能是用于缓解闪光灯直射人眼时,造成的视网膜血管泛红的现象,如图16-23所示。

16.2.5 绘制动态标注

动态绘制,即绘制的标记及绘制过程可以被应用记录,并且能以动态形式再次展现。该功能在标注简介上非常方便。在编辑界面中,单击"通过此照片获得创意"按钮,单击"绘图"按钮,如图16-24所示。

弹出绘制界面后,可以看到工具栏中有"圆珠笔""铅笔""钢笔""橡皮"四种绘制工具,双击下拉箭头可以选择颜色和笔迹粗细,如图16-25所示。

操作完成后保存绘制,等待墨迹变干之后,设置存储位置及文件名、存储类型即可,如图16-26所示。再次打开时即可看到界面左下角的播放键,单击即可看到标注的动态过程,如图16-27所示。

图 16-21　图片的旋转与裁剪

图 16-22　添加滤镜

图 16-23　调整图片参数

图 16-24　进入绘制界面

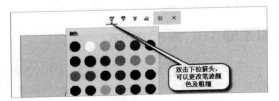

图 16-25　设置绘笔

图 16-26　保存动态标注

图 16-27　播放动态标注

图 16-28　打开"添加 3D
　　　　效果"界面

图 16-29　基础界面与分区

图 16-30　编辑特效

16.2.6 设置3D声形特效

在图片编辑界面单击"通过此照片获得创意"→"添加3D效果",进入编辑界面,如图16-28所示。

界面右侧的菜单栏包含"效果"和"3D资源库"两个选项,如图16-29所示。在"3D资源库"中可以下载补充更多效果。在左侧播放区中调整指针到特效开始的时刻,然后在进度条上选择特效持续的时间,如图16-30所示。在右侧"编辑"菜单中可以看到已应用的特效,可调整音量。同时,单击特效右上角的"×"可以删除特效。

16.2.7 添加动态文本效果

该功能不仅可以给文件添加字幕,同时还可以配置动态特效及滤镜效果,具体操作为:单击主界面上"通过此照片获取创意"→"添加动画文本",进入操作界面,如图16-31所示。

图 16-31　进入"动态文本编辑界面"

1. 添加文本

该步骤在编辑界面的"文本"菜单中进行,首先需在进度条上定位要插入字幕的时刻,然后在界面右侧的文本框中输入文本,并根据需要调整"文本格式"和布局,如图16-32所示。

2. 设置动态特效

输入文本后可以设置动态效果。单击"动作"按钮,切换至操作界面。在界面右侧有多种动态效果可以选择,用户可以预览图片上的显示效果,如图16-33所示。单击"保存副本"按钮,选择"视频质量"即可。

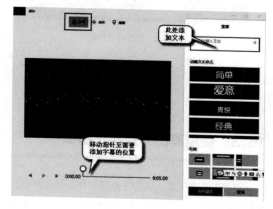

图 16-32　编辑文本格式

图 16-33　设置动态特效

16.2.8 打印图像

打开需要打印的图像,进入编辑界面,单击主界面右上角的打印符号即可实现操作,如图16-34所示。屏幕中弹出打印设置界面时,首先通过蓝牙连接打印机,然后根据需要设置打印的方向、份数、纸张类型、纸张大小等参数,设置完成后,单击"打印",完成操作,操作界面如图16-35所示。

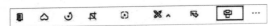

图 16-34　打开打印机

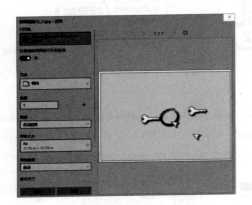

图 16-35　设置打印参数

16.3　使用美图秀秀编辑图像

"美图秀秀"是一款图片处理软件,在电脑端和手机端都可以运行。"美图秀秀"拥有编辑图片、美化图片、拼图、添加边框等功能,并且每天在官网更新可供用户下载的素材。

16.3.1　下载与安装美图秀秀

使用浏览器搜索并进入"美图秀秀"官网,单击"美图秀秀电脑版"进入下载页面,单击屏幕下方"立即下载",完成操作,如图16-36所示。

图 16-36　下载"美图秀秀"

下载完成后,双击运行文件,弹出如图16-37所示的界面,勾选"同意用户许可协议",单击"立即安装",等待安装至100%,完成安装操作。

图 16-37　安装"美图秀秀"

16.3.2　认识与操作美图秀秀的界面与分区

双击桌面快捷方式,进入软件主界面,如图16-38所示。主界面包括"功能区"和"工具栏",包括美化图片、人像美容、文字水印、贴纸饰品等多项功能。在右上角的工具区可以添加、保存文件。"美化图片"可以调整图片参数;"人像美容"可以对人像进行美化,包括放大眼部和美白牙齿等多种操作;"文字水印"可以给图片插入多种样式的文字涂鸦。

单击"功能区"选项卡,可进入操作界面进行操作。下面以"美化图片"为例,简单介绍功能分区,如图16-39所示。界面最左侧是图片参数调整和涂鸦的工具区,可以选择画笔模式,如颜色、画笔样式、透明度、画笔粗细等;右侧是滤镜工具区,有"常用""基础""LOMO""人物"等多种类型,每一类包含多种特效滤镜,单击可实现效果预览,单击"确认"完成操作。

图 16-38　"美图秀秀"主界面

图 16-39　"美化图片"主界面

图 16-40 使用马赛克涂鸦

图 16-41 系统自带动态提示

图 16-42 添加贴纸

图 16-43 抠图

图 16-44 模板拼图

16.3.3 给图片添加马赛克

很多时候，图片中有关键信息不想被别人看到，这时就可以使用马赛克工具。单击"美化图片"→"各种画笔"→"局部马赛克"，进入如图16-40所示界面。左侧是马赛克笔的样式，在左下侧可拖动滑块调整画笔的粗细，以像素计量。当涂鸦失误时，可以使用橡皮擦去错误部分，完成操作后，单击"应用当前效果"保存涂鸦。

16.3.4 进行人像美容

大多数用户的基本需求是对人像进行美化。"美图秀秀"可进行美型、美肤、眼部美化等丰富的操作。回到"美图秀秀"的主页，单击上方功能区的"人像美容"进入操作界面，在左侧功能区选择目标功能，每项功能的左上角均有操作提示，用户根据系统提示完成即可，如图16-41所示。

16.3.5 给图片添加贴纸饰品

"美图秀秀"的该项功能不仅有常规的贴纸，还包括身体部位，如眉毛、瞳孔等。用户可根据个人需要选择添加素材。单击编辑框顶点可拖动改变贴纸大小，在"素材编辑框"界面可以调整贴纸透明度参数，最后调整位置即可，如图16-42所示。

16.3.6 自动及手动抠图

当需要获取图片中的某部分时常常需要进行抠图。回到"美图秀秀"的主页，单击上方功能区的"抠图"进入操作界面，可进行自动抠图、手动抠图和形状抠图，根据界面左侧动态提示即可完成，如图16-43所示。

16.3.7 拼图并设置图片边框

单击"美图秀秀"主界面上方功能区的"拼图"按钮切换至操作界面，可选择自由拼图、海报拼图、模板拼图、图片拼接四种模式。我们常使用"模板拼图"，界面如图16-44所示。

首先单击左侧"添加多张图片"导入要拼合的图片，然后单击右侧模板选择样式，最后单击上方功能区更改边框、底纹等参数，可以在功能区改变图片的大小及方向。

单击"美图秀秀"主界面上方功能区的"边框"按钮切换至操作界面，可以给图片添加海报边框、简单边框、炫彩边框等六种效果。单击选项卡，可跳转至具体界面，在此我们介绍常用的海报边框。单击"海报边框"，再单击右侧的模板应用，然后单击图片并按住"Ctrl"键，上滑鼠标滚轮放大图片，下滑缩小，调整图片大小并调整图片位置，在左侧区域可对图片进行翻转、旋转等操作，如图16-45所示。

图 16-45 设置海报边框

16.3.8 制作闪图

打开文件，然后单击主菜单的"更多"按钮，接着单击"闪图"，进入操作界面。单击弹出界面上方的"动感闪图"进行图片编辑，在界面左侧的"添加多张照片"可以自定义补充闪图中包含的图片。界面最右侧的在线素材可以直接使用，同时可以在官网下载新的素材，下载的素材可以在"已下载"列表中找到。要调节闪图中图片替换的速度，可拖动滑块调节快慢，如图16-46所示；单击"调节闪图大小"按钮，切换至图16-47所示界面，可以拖动滑块调节闪图的比例；单击"效果预览"按钮可以查看效果，最后单击"保存本地"，完成操作。

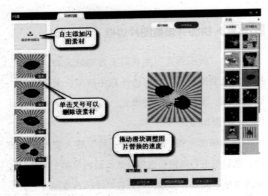

图 16-46 制作动感闪图

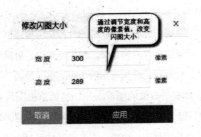

图 16-47 调节闪图的大小

16.4 图像的存储

16.4.1 图像存储格式的简析

1. BMP

BMP是Windows系统中的标准图像格式。几乎在Windows系统下运行的软件都可以打开BMP文件；它的缺点是没有经过压缩，文件所占内存比较大。

2. JPEG

JPEG是一种非常常见的图像格式，采用有损压缩的方式去除冗余的图像数据，所需存储空间较少，图像质量相对较高。

3. TIFF

TIFF格式在图片处理类软件上应用广泛，通常进行LZW无损压缩或者不压缩，能最大程度地还原图像，但是所占内存较大。

4. GIF

GIF同样是常见的图形格式之一，在网络上的传输速度很快，并且一个GIF文件中可以存储多个彩色图片，能以动画的形式读出。

5. PNG

PNG格式是一种新兴的图形格式，具备GIF和JPEG没有的特性，支持透明效果，因此可以与背景更好地融合，创造一些有特色的图案。

6. RAW

RAW格式的文件对原始信息几乎是没有压缩和删减的，因此体积很大，通常被业内人士称为"数字底片"。该格式在摄影领域深受喜爱，极大降低了后期处理的难度。

16.4.2 转换图像存储格式

在很多情况下需要将图像的格式进行转换，例如某些软件不支持当前格式。这时使用"画图"打开待处理图像，如图16-48所示。单击"画图"左上角的"文件"→"另存为"，在弹出界面中选择存储位置和格式，完成操作，如图16-49所示。

图 16-48　使用"画图"打开图片

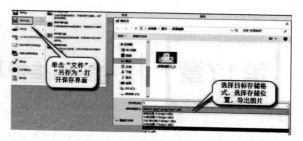

图 16-49　改变存储格式

第17章 | 电脑的维护及安全防范

合理地对电脑进行日常维护及安全防范，是日常使用中不可缺少的一环，对延长电脑使用寿命、保证用户安全具有重要意义。

17.1 电脑的日常清理与维护

在电脑的日常使用中，需要对电脑硬件和软件进行日常清理、优化和保养等维护工作，主要包括对电脑系统进行维护、对硬件工作环境进行清理、对电脑垃圾文件的清理、磁盘空间清理和碎片整理等。对电脑进行日常清理与维护不仅能减少出现故障的概率，还能在一定程度上延长电脑的工作寿命。

17.1.1 显示器清理的注意事项

清洗电脑显示器的正确操作步骤如下。

（1）在清洗显示器之前必须确保显示器的电源已经切断，建议直接拔下显示器的电源线和连接主机的信号线。

（2）使用生活中清洁镜面专用的镜面擦拭纸、专用的电脑屏幕擦拭布、干布或沾少量清水的湿绒布等，按照固定方向或者自屏幕中心均匀往外扩散擦拭。

需要注意，不能把清洗液直接喷到屏幕上，要防止水气喷到显示器的里面；不能用酒精之类的化学溶液擦拭电脑显示器；不能用硬纸之类的物品或粗糙的布制材料擦拭显示器。可以用毛刷或小型吸尘器清理显示器外壳；对一些不易擦除的污垢，可使用干绒布擦拭，或者用干绒布稍微沾湿，然后进行擦拭。

17.1.2 电脑开关机的注意事项

（1）无论通电瞬间还是断电瞬间都会对电脑产生较大的电冲击，将干扰信号发送给主机，严重时会导致主机无法正常启动甚至损坏。因此，在开机时应该先将电源连接至电脑外部设备，再连接至主机。

（2）在进行关机操作时，应该先等主机断电，再关闭外部设备的电源，从而避免主机中的重要部件受到较大的电冲击。

（3）在日常使用时，还需要注意，电脑不能任意强制关机，一定要按照正确步骤关机。如果死机，则应先设法"软启动"，再"硬启动"，只有前面两种方法都不行时才能选择"硬关机"（按电源开关数秒钟）。

（4）在电脑运行过程中，不要随意移动电脑及其相关组成部件，不要随意装卸外部设备（外部连接存储设备等除外）。如果需要对电脑外部设备进行更改移动，需要在电脑关机并且断开电源的情况下进行。

（5）在使用电脑过程中，不能频繁地开/关电脑，否则在充电、放电瞬间产生的突发冲击电流可能会造成电源装置中的部件被损坏，或者使硬盘驱动突然加速，导致光盘的损坏。如果进行重启操作，则最好在关闭电脑后10秒钟以上再进行操作。

（6）在一般情况下，如果不具备专业的维修素养，最好不要擅自打开电脑机箱。如果电脑出现异常情况，则需要及时与专业维修部门联系。

17.1.3 硬盘维护的注意事项

硬盘是计算机用来储存数据的设备。我们的计算机通常使用的硬盘都是固定硬盘，这种硬盘被固定在电脑主机内部。在使用硬盘时应该小心灰尘对硬盘带来的影响，如果灰尘吸附到电路板上，则可能会导致电脑硬盘工作不稳定，甚至损坏电脑。还需要注意，硬盘的工作状态与温度有很大的关系，温度过高会导致晶体振荡器中时钟的主频发生改变，造成电路元件失灵；温度过低时会导致空气中水分凝结在元件上，造成短路的现象。在硬盘的使用过程中，还需要定期对硬盘进行整理，提高硬盘速度。如果硬盘中垃圾文件过多，则会减慢硬盘运行速度，严重的情况下还会损坏磁道。要时刻警惕病毒的威胁，在发现病毒后应该及时将其清除。

在硬盘的使用过程中，还需要注意以下问题。

（1）在硬盘正在进行读、写操作时不能突然断电。

（2）硬盘出现物理故障时，不要自行打开硬盘盖。不正确的开启硬盘盖会使空气中的灰尘吸附在硬盘里，对硬盘造成损伤。如果确实需要打开硬盘盖，则一定要送到专业厂家进行维修。

（3）要做好硬盘的防震措施，尽量减少震动，正确拿取硬盘，避免由于磕碰造成的物理性损坏。

（4）要注意静电对硬盘造成的损伤，尤其在气候干燥极易产生静电的环境下，如果不小心用手触碰到硬盘背面的电路板，那么静电就有可能伤害到硬盘的电子元件，导致硬盘无法正常运行。需要用手抓取硬盘时，应该抓住硬盘两侧，并且避免皮肤与硬盘背面的电路板接触。

17.1.4 主板维护的注意事项

主板又叫主机板，主要分为商业主板和工业主板。主板在微机系统中发挥着重要的作用，主板的性能极大地影响着电脑的性能，是电脑最基本的也是最重要的部件之一。

电脑的很多配件都安装在主板上，主板负责连接各部件并保证它们正常工作。主板上有繁多且复杂的集成电路，因此可能会有很多原因导致主板出现故障。确定主板故障的原因，第一步就是通过逐个拔除或替换主板所连接的板卡，观察电脑能否正常运行。在排除这些电脑外部配件可能出现的故障后，可以观察主板是否出现异常情况。主板出现的故障常表现为屏幕无显示、系统启动失败等。这里介绍一些常见的、便于操作的电脑主板故障确定和维修方法。

在使用电脑的过程中，要经常对主板进行除尘和翻新，清除主板内部灰尘。在清理完成后，一定要完全干燥，防止在以后的使用中主板被积尘腐蚀损坏。对一些常见主板故障及处理方法列举如下。

（1）不能正常检测到键盘和鼠标，或者鼠标在桌面上乱动。在确定鼠标和键盘正常连接的情况下，造成这些情况的原因可能是键盘或鼠标与主板不兼容，一般会表现为开机后找不到键盘或鼠标，或者两者不能正常使用，或者开机时提示按"F1"继续，这种情况下可以更换键盘或鼠标。

（2）主板没有正常启动，并且伴有报警声。此时，可以选择打开电脑机箱，重新对内存条进行插取。需要注意，在插取内存条时一定要先将主板断电，防止出现意外，烧毁内存条或产生其他安全事故。

（3）主板不启动，并且没有报警声。导致主板不能启动的原因有很多，常见的可以分为以下几种情况。

①CPU未正常供电。此时，可以使用万用表，测试CPU周围整流二极管电流是否正常，观察是否有损坏。

②CPU插座缺针或松动。出现这种情况，通常表现为无法正常点亮或出现不定期死机的情况，此时需要打开CPU插座的上盖，观察是否存在变形的插针。

③电容冒泡或炸裂。在电脑工作过程中，如果电容在过高电压下承受过长时间时，就会受到高温熏烤，出现冒泡或者淌液的情况。这种情况下电容的容量减小或直接损坏失容，以至失去滤波的功能，从而导致提供的负载电流中交流电所占成分加大，造成电脑各组件工作不稳定，经常表现为死机、蓝屏等情况，此时需要及时更换电容。

④内存插槽内出现烧灼或断针。在拿出内存条时，应先将电脑主机断电。应当垂直拔出，不能左右摇晃、用力过猛，避免使内存槽内的簧片发生变形，甚至断裂。需要注意插入方向，在插入时，保证插装方向正确，插装到位。

17.1.5 光驱维护的注意事项

光驱在电脑内负责读写光碟内容，无论在台式机还是笔记本电脑里，都是比较常见的部件。光驱使用频率很高，对使用环境要求非常严格。因此，在日常使用的过程中，我们必须十分注意光驱的保养与维护，可以从以下几个方面做起。

（1）保持光驱与光盘清洁。光驱在制作中采用的是精密但是惧怕灰尘污染的光学部件，进入光驱内的灰尘主要来自装入、退出光盘的过程。装入的光盘是否清洁直接影响光驱的使用寿命。因此，需要对装入光驱的光盘做必要的清洁，对不使用的光盘妥善保管，尽量避免灰尘进入光驱。

（2）定期清洁保养激光头。激光头沾染灰尘后，将会影响光驱读取光盘的能力。具体情况表现为：读盘速度变慢，在播放过程中显示器画面出现马赛克、声音出现停顿、与画面不相符等现象，严重时甚至可以听到读盘的声音，会对光驱造成极大的损伤。因此，在使用过程中，要定期对激光头进行清洁保养。

（3）保持光驱水平放置。在使用光驱时，需要将光驱水平放置，防止在读盘时因光盘旋转重心不平衡而与光驱产生摩擦，导致读盘能力下降，甚至损坏激光头。在使用电脑光驱时，应避免频繁拆卸，甚至是随身携带光驱，防止光驱内光学部件和激光头等精密部位因受到震动和倾斜放置而发生变化，导致光驱性能下降。

（4）关机前及时取出光盘。在电脑进行开关机操作前，如果光驱内存在光盘，则电脑启动时要经过很长的读盘时间，光盘将一直处于高速旋转状态，不但会增加激光头的工作时间，还会磨损光驱内的电机和传动部件，在一定程度上缩短了光驱的使用寿命。因此，在电脑关机前，要及时将光盘从光驱中取出。

（5）减少光驱工作时间。减少光驱的使用时间可以延长其寿命，可以把光盘做成虚拟光盘，储存在硬盘里。比如，将一些电影、游戏等存放在电脑硬盘中，这样不但可让其直接在硬盘上运行，还能加快打开速度，有效减少光驱使用时间，延长其寿命。

（6）拒绝盗版光盘，使用正版光盘。盗版光盘盘片质量较差，激光头需要经过多次读取才能运行光盘中的数据，增长了电机和激光头的工作时间，使光驱的使用寿命大大缩短。使用正版光盘可以提高光驱读盘的效率，不会对光驱造成额外的损伤，因此建议大家今后拒绝盗版光盘，使用正版光盘。

（7）在使用光驱时正确开、关盘盒。在设计时，都会在光驱前面板设置出盒与关盒按键。按下按键，即可正确开、关光驱盘盒。按下按键时，不能用力过猛，不能用手直接将盘盒推入光驱，防止对光驱传动齿轮造成损伤。

（8）正确使用程序进行开、关盘盒。在使用软件或视频播放工具时，经常会利用程序直接进行开关盘盒。在Windows操作系统中，用鼠标右键单击光盘盘符，将会弹出有"弹出"命令的菜单，单击"弹出"，即可弹出光盘盒。使用程序控制开、关盘盒，可以减少光驱故障的发生，延长其使用寿命。

（9）在维修光驱时一定要谨慎小心。光驱内部的所有部件都非常精密，因此，在拆卸和安装光驱的过程中一定要谨慎小心。一般情况下，如果没用明确光驱出现的问题，并且没有充分的维修把握，则建议请专业维修人员进行处理。

17.1.6 ▶ 重要资料的保护转存

随着信息化时代的到来，我们对电脑的依赖越来越多。对电脑里一些重要文件，为了避免因其丢失给我们带来不便，需要对其进行保护转存。在这里提供了以下几种常见的保护转存重要资料的途径。

（1）备份到U盘。将资料储存在U盘里的优点是可以随身携带，并且读取速度快，在保证不丢失的基础上，安全程度较高。但是，市场上的U盘有很多假冒伪劣产品，购买时需要认真鉴别。在读取数据时，需要接入电脑，没有云盘储存便捷。比较适合重要、需要一定保密需求、需要转移的资料和文件。

（2）备份到移动硬盘。移动硬盘可以看成电脑的一个外接硬盘，比U盘读取速度更快，安全系数与U盘相当，随身携带，体积比U盘大，便携性稍差，且价格更贵。移动硬盘分固态硬盘和机械硬盘，在价格上有所差别。

（3）备份到非系统盘。在保存电脑资料时，最好不要直接保存在桌面。因为桌面的资料默认存放在系统C盘，如果重装电脑系统，则需要将里面的资料逐个转移，比较麻烦。并且，C盘内存如果占用过多，则将会直接影响电脑的运行速度。因此，推荐大家将资料保存到其他硬盘中，将常用的文件放在同一个文件夹中，根据自己的习惯进行命名，还可以在桌面创建此文件的快捷方式。

（4）备份到网络云盘。现在，有很多平台为用户提供网络备份服务，将重要文件资料备份到云盘有以下好处：首先，云盘文件数据同步共享，方便上传与下载，只需一个相同的账号，就能实现手机、平板与电脑之间的资料共享，同步传输更方便，例如天翼云还可以实现跨平台同步，支持多种客户端；其次，可使用空间大，可根据用户不同需求选择不同大小的云空间服务，还可与聊天软件绑定，操作简单方便，与传统储存方式相比，使用网络云盘安全性更高。

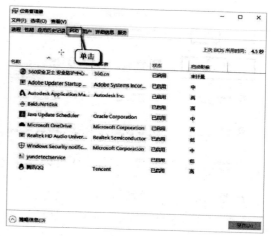

图 17-1　打开 Windows 10 系统的任务管理器

17.2　电脑的优化与设置

在日常使用电脑过程中，对电脑进行合理的优化与设置能让电脑运行速度更快，使用更加流畅，提供更加舒适的用户体验。另外，对电脑设置进行必要的优化还能延长电脑的使用寿命。

17.2.1　加快开机速度

影响电脑开机速度的原因有很多，例如长期使用、安装软件过多等各种情况，都会导致电脑启动速度过慢，要想提升电脑开机速度，可以尝试以下解决办法。

对Windows 10系统的开机启动项进行优化。软件的自启现象，会降低电脑的开机速度。此时，可以选择禁用部分开机自启的软件，以加快电脑开机速度，步骤如下。

（1）使用"Ctrl+Alt+Del"组合键打开Windows 10系统的任务管理器，单击"启动"选项，如图17-1所示。

（2）根据个人需求选择不需要开机启动的软件，单击"禁用"，如图17-2所示。

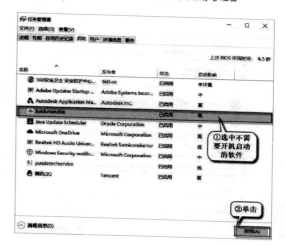

图 17-2　禁用自启软件

在此基础上，还可以通过启用快速启动项优化电脑开机速度，具体步骤如下。

（1）打开电脑，单击"开始"按钮，进入设置，单击"系统"模块，如图17-3所示。

（2）单击左侧导航里面的"电源和睡眠"，然后单击右侧"其他电源设置"按钮，如图17-4所示。

（3）单击"选择电源按钮的功能"按钮，如图17-5所示。

（4）单击"更改当前不可用设置"选项，勾选第一个"启用快速启动（推荐）"前面的方框，单击"保存修改"按钮，即可提升电脑开机速度，如图17-6所示。

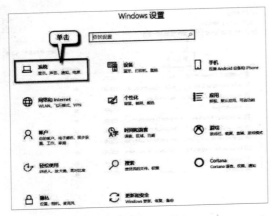

图 17-3　进入系统模块

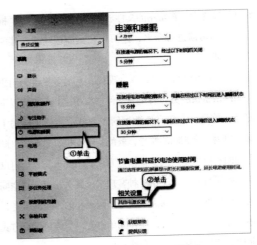

图 17-4　进入其他电源设置界面

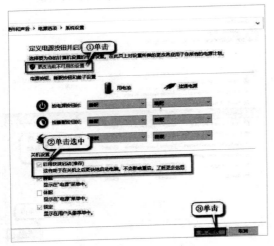

图 17-6　保存修改

图 17-5　进入"选择电源按钮的功能"界面

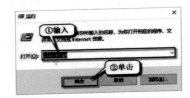

图 17-7　进入系统属性

17.2.2 加快系统运行速度

在使用Windows 10系统一段时间后，电脑运行速度会减慢，使用户体验感降低。对于这种情况，可以通过优化电脑的运行速度解决Windows 10系统速度变慢的问题，具体步骤如下。

（1）使用"Win+R"组合键，进入"运行"界面，输入"sysdm.cpl"，进入"系统属性"界面，单击"确定"，如图17-7所示。

（2）单击"高级"，在进入的高级系统设置中找到性能栏，单击"设置"，如图17-8所示。

（3）在弹出的窗口中有四种设置模式，单击选择"调整为最佳性能"，单击"确定"按钮，如图17-9所示。

17.2.3 系统瘦身

随着电脑使用时间的变长，电脑的各项性能会逐渐下降，因此需要定期清理内存和进行空间优化。这里介绍一些进行系统瘦身的常用方法。

（1）可以开启Windows 10系统自动清理垃圾的功能，步骤如下。

①进入Windows 10系统的控制面板，单击"系统"选项，如图17-10所示。

②在左侧选项栏中单击"存储"，在右侧界面中将"存储感知功能"打开，如图17-11所示。这样就可以让Windows系统自动清理临时文件，达到系统瘦身的目的。

（2）定期清理C盘的垃圾文件，可以在文件管理中对选定的磁盘进行操作，如图17-12所示。在进行格式化时需慎重，防止丢失重要文件和资料。

图 17-8 进入高级系统设置

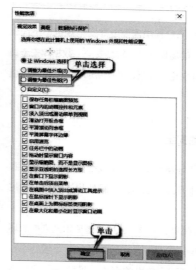

图 17-9 调整系统性能

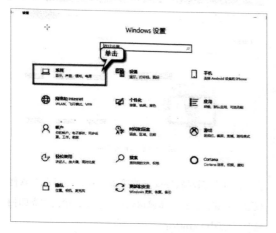

图 17-10 在控制面板中打开系统

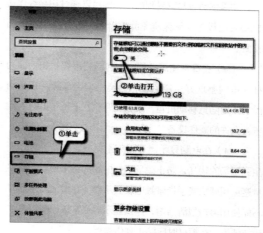

图 17-11 打开存储感知

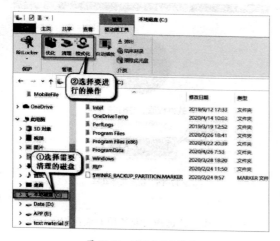

图 17-12 对磁盘进行清理

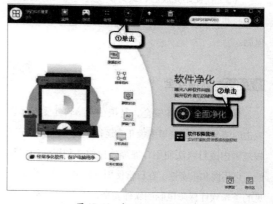

图 17-13 打开 360 软件管家

17.3 电脑常见安全问题

日常使用电脑过程中需要遵守安全规范，下面就电脑使用中常见的场地安全、软件安全、数据库安全、网络安全问题分别进行介绍，以便帮助大家安全、健康地使用电脑。

17.3.1 场地安全

电脑的使用环境在电脑使用过程中至关重要。我们应该遵守以下几点，以保证电脑使用过程中的场地安全。

（1）应该在清洁干燥、通风，避免阳光直射的环境下使用，远离极端环境。

（2）应注意减少静电的产生。推荐使用三角插头，如果依然容易感受到静电，则可以通过用导线连接机箱后面板与铁导体避免静电产生，最好将其与地面接触。

（3）在日常使用过程中，应该将电脑机箱后面的插头电线整理好，避免互相缠绕，发生危险。在使用时，不要随意移动机箱，禁止在开机状态下带电拔、插不被允许的硬件设备。

（4）在电脑显示器周围应避免放置音箱等可以产生强磁场的物品，防止磁场干扰电脑的正常使用。应尽量避免用硬物或手指碰触电脑显示器。在清洁显示器时不能使用溶剂型清洁剂，擦拭显示器通常采用眼镜布或清洁纸等，在擦拭时应防止划伤涂层。

（5）在使用完成后，最好使用透气并且遮盖性强的布将机箱、显示器、键盘盖住，尽量减少灰尘进入电脑。

17.3.2 软件安全

保证电脑的软件安全，是指在电脑软件受到恶意攻击的情况下仍然能够继续正常运行，即确保软件在授权范围内进行合法使用，保障软件信息和程序的完整性、可用性和机密性。在日常使用过程中，可以借助常见的杀毒软件保障电脑的软件安全，下面以360软件管家为例，介绍如何利用杀毒软件保证软件安全。

打开360软件管家，在上方工具栏中选择"净化"选项，单击"全面净化"开始扫描，如图17-13所示。

在扫描完成后，针对发现的问题，选择需要清理净化的软件，单击"一键净化"，如图17-14所示。净化完成后界面如图17-15所示。

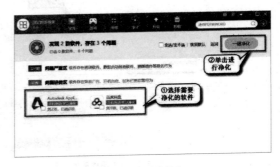

图 17-14　净化软件

图 17-15　净化完成

为了加强对软件安全的管理，我们还可以对软件权限进行设定，进一步确保软件的安全，单击"立即扫描"，如图17-16所示。

图 17-16　设定软件权限

扫描完成后，选择需要禁用的软件权限，单击

"一键阻止"，完成禁用，如图17-17所示。

图 17-17　禁用软件权限

17.3.3　数据库安全

数据库安全包含两层含义：一是指系统运行安全，二是指系统信息安全。数据库安全的防护技术有数据库加密、数据脱敏等。在对数据库进行安全配置之前，首先需要对操作系统进行安全配置，以保证操作系统处于安全状态。保证数据库安全，可以从以下方面做起。

（1）使用安全的密码策略。密码策略是所有安全配置的第一步，数据库账号的密码太过简单会出现安全风险。在设置密码时，应该避免将账号的密码写在应用程序或者脚本中。一个复杂的密码是安全保障的第一步，所设密码应包含多种数字和字母组合。

（2）使用安全的账号策略。SQL Server无法更改用户名，也不能删除，因此，必须对该账号进行最强的保护。数据库管理员可以通过创建一个拥有超级用户权限的账号对数据库进行管理。其认证模式有Windows身份认证和混合身份认证两种，管理员可以在账号管理中直接删除系统账号，组织系统管理员通过操作系统登录接触数据库。在日常使用中，通常根据实际需求分配账号，并赋予其能且仅能够满足应用要求和需要的权限，大多数主机使用数据库应用都只是用查询、修改等简单功能。

（3）加强数据库日志的记录。加强数据库日志的记录是必不可少的环节，在数据库系统和操作系统日志里面，详细记录了所有账号的登录事件。查看方式为：审核数据库登录事件的"失败和成功"，在实例属性中

选择"安全性"，将其中的审核级别选定为全部，即可检查账号登录事件。为了保证数据库安全，应该定期查看SQL Server日志，检查是否存在可疑的登录事件。

（4）管理扩展存储过程。其实在多数应用中是用不到过多系统存储过程的，完整的系统存储过程只用来满足多数人需求的功能，所以应该删除不必要的存储过程。在对存储过程进行改动中，或者对账号调用扩展存储过程的权限时必须慎重，防止某些系统存储过程被人利用，例提升权限或进行破坏，在不需要扩展存储过程时应该将其删去。

（5）使用安全软件保护数据。在日常使用过程中，我们可以借助安全软件保护数据安全。下面我们以360安全卫士为例，示范如何保护数据安全。打开360安全卫士，在上方图标中单击"功能大全"，然后在左侧单击"数据安全"，在右侧的界面中根据自己面临的问题选择需要使用的功能，如图17-18所示。

图 17-18　利用安全软件保障数据安全

17.3.4　网络安全

网络安全，是指网络系统的硬件、软件及其系统中的数据受到保护，不因偶然的或者恶意的原因而遭受到破坏、更改、泄露，系统连续、可靠、正常地运行，网络服务不中断，具有保密性、完整性、可用性、可控性、可审查性的特性。网络安全因不同的环境和应用而产生了不同的类型。网络安全主要包括以下几个方面。

（1）系统安全。运行系统安全就是在个人计算机中保证信息处理和传输系统的安全，重点在于保护系统的正常运行，防止因系统损坏和崩溃而使系统存储、处理和传输的消息丢失和损坏，避免因电磁泄露产生的信息泄露。

（2）网络安全。网络安全是指网络上综合系统信

息的安全防护，主要包括方式控制、安全审计、用户口令鉴别、用户存取权限控制、计算机病毒防治、数据存取权限、安全问题、数据加密等。

（3）信息传播安全。网络信息传播安全是指信息传播后果的安全，主要侧重于防止和控制非法、有害的信息进行传播并产生的不良后果，避免公用网络上的信息失控。

（4）信息内容安全。网络信息内容安全是指保护信息的真实性、保密性和完整性。防止攻击者利用系统的安全漏洞进行冒充、诈骗、窃听等有损于用户的违法行为。网络信息内容安全的本质是保护用户的隐私和利益。信息内容安全问题关系未来网络世界的深入发展，涉及指令保护、密码学、操作系统、安全策略、移动代码、网络安全管理和软件工程等内容。一般对专用的内部网与公用的互联网进行隔离，主要依靠"防火墙"技术。

17.4 了解电脑病毒

计算机病毒是能自我复制的一组计算机指令或者程序代码，被制造者插入计算机中并破坏计算机功能或者数据的代码，既有破坏性，又有传染性和潜伏性。它不独立存在，主要隐蔽在其他可执行的程序之中。计算机中病毒后，轻则影响机器运行速度，严重时会破坏电脑系统，导致死机。通常情况下，这种具有破坏作用的程序被称为计算机病毒。

17.4.1 认识电脑病毒

《中华人民共和国计算机信息系统安全保护条例》对计算机病毒的定义是：对计算机内数据及功能都具有破坏作用的，并且能够自我复制的，对计算机的使用具有阻碍作用的，插入到计算机程序当中的一组程序或者指令代码。计算机病毒具体可以分为以下几种。

（1）二进制的文件型蠕虫和病毒。蠕虫对其他的计算机进行感染，病毒对程序文件进行感染。

（2）二进制流蠕虫。二进制流蠕虫通过网络从一台机器到另一台机器进行传播，出现在计算机的内存中。

（3）脚本文件蠕虫和病毒。脚本文件病毒通过文本形式写成，通过计算机解释程序的支持执行；脚本文件蠕虫的宿主是计算机，通过不同的计算机进行传染。

（4）引导型病毒。病毒通过使计算机的硬盘、软盘的引导扇区受到感染进行传播。

（5）混合型病毒。病毒可以同时感染计算机的引导扇区和文件，或者数据文件和可执行文件。

（6）宏病毒。这是一种常见病毒，它通过使数据文件受到感染执行特定动作的宏指令。

（7）特洛伊木马。通常从表面看来它是一个较为完整的程序文件，并且表现为一个比较有用的程序，但它却在私下执行一些与自己表面不相符的动作。

17.4.2 电脑病毒的传播途径

计算机病毒有自己的传输模式和多样的传输路径。计算机复制和传播它本身的主要功能，这代表着计算机病毒十分容易传播，通过交换数据的环境就能实现病毒传播。计算机病毒传输方式主要有以下有三种类型。

（1）移动存储设备。因为它们经常被移动和使用，所以更容易被传染计算机病毒并携带计算机病毒，如U盘、CD、移动硬盘等都可以作为传播病毒的路径。

（2）网络。网页、电子邮件、QQ、BBS等都是计算机病毒网络传播的途径。近年来，随着网络技术的发展和互联网的运行速度的提高，计算机病毒的速度越来越快，范围也逐渐扩展。

（3）计算机系统和应用软件。越来越多的计算机病毒利用计算机系统和应用软件的弱点传播，这也是计算机病毒基本传播方式。

17.4.3 电脑"中毒"后的表现

电脑"中毒"后的主要表现很多，凡是不正常的表现都有可能与病毒有关。电脑被病毒感染后，如果没有表现异常，则很难被觉察。可以从以下表现判断电脑是否中毒：工作不正常；莫名其妙地死机；无征兆地重新启动或无法启动；程序不能运行；磁盘中的坏簇变多；磁盘空间变小；系统启动变慢；数据和程序丢失；发出异常声音、音乐或显示一些无意义的画面问候语等；正常的外用设备使用故障，如打印出现问题，键盘输入的字符与屏幕显示不一致等。

17.5 电脑病毒的预防与查杀

计算机病毒时刻在关注着电脑，随时准备发动攻击，但并不意味着计算机病毒是完全不可控的。可以通过以下几个方法减少计算机病毒给计算机带来的破坏。

17.5.1 修补系统漏洞

系统漏洞是指操作系统在开发过程中存在的技术缺陷，这些缺陷可能导致某些程序在未经授权的情况下非法访问或攻击计算机系统。为了修复最新发现的漏洞，系统开发商每月都会发布最新的补丁。

补丁可以修复系统漏洞，是保障电脑安全不可或缺的部分；但补丁也是帮助黑客发现漏洞所在并加以利用的重要线索。通过微软公布的漏洞数据可以看出，越来越多的漏洞攻击源自针对其发布的补丁的逆向推演，并成功地利用这些漏洞攻击了那些没有及时安装补丁的用户的电脑。

随着信息社会的不断发展，从补丁发布到黑客逆向推出漏洞所在并利用漏洞进行有效地攻击的时间在不断缩短。因此，在补丁发布后及时在家庭电脑中更新并安装就显得尤为关键。很多高危级别的系统补丁在被安装之后，必须重新启动电脑才能正式生效。因此，按照提示重新启动计算机，这样可以保证新安装的补丁在第一时间生效，防止盗号木马入侵。当然，补丁的安装过程会占用比较多的内存和CPU资源，在浪费系统资源的同时，还可能导致系统崩溃。但是绝大多数的补丁在安装后，对性能的影响微乎其微。

17.5.2 设置系统防火墙

打开控制面板，选择"更新和安全"，如图17-19所示。

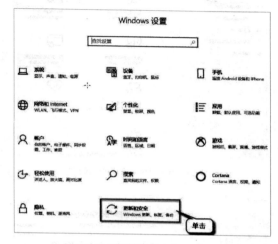

图 17-19 打开"更新和安全"面板

在"更新和安全"面板中，在左侧单击"Windows安全中心"，在右侧面板中单击"打开Windows安全中心"，如图17-20所示。

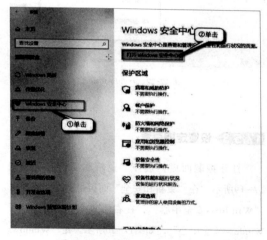

图 17-20 打开"Windows 安全中心"

在"Windows安全中心"面板中，单击左侧"防火墙和网络保护"，如图17-21所示。

分别单击"打开"防火墙，推荐全部开启，如图17-22所示。

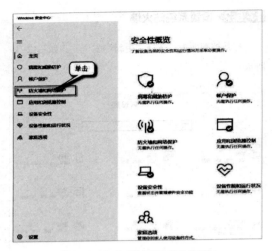

图 17-21　打开"防火墙和网络保护"

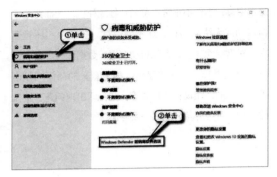

图 17-23　打开"病毒安全和威胁防护"

图 17-24　打开"定期扫描"

17.5.4 查杀病毒

电脑病毒会对电脑造成极大损坏，甚至会泄露我们的个人信息，造成网络安全事件。因此，需要及时查杀病毒，保护电脑健康。可利用安装完成的360安全卫士查杀病毒，步骤如下。

双击打开360安全卫士，弹出如下界面，在界面中单击"快速查杀"，如图17-25所示。

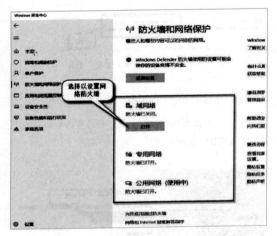

图 17-22　打开防火墙

17.5.3 设置定期杀毒

打开控制面板，选择"更新和安全"，如图17-19所示。在"更新和安全"面板中，在左侧单击"Windows安全中心"，在右侧面板中单击"打开Windows安全中心"，如图17-20所示。在"Windows安全中心"面板中，单击"病毒安全和威胁防护"，如图17-23所示。

在"Windows Defender防病毒软件选项"中单击开启"定期扫描"，如图17-24所示。

图 17-25　单击"快速查杀"

单击"快速查杀"后，弹出如下界面，进入智能扫描，需要等待一段时间，如图17-26所示。

扫描完成后，会出现需要处理的危险项，单击"一键处理"，如图17-27示。

处理完成后，单击"完成"，退出木马查杀，如图17-28所示。

图 17-26　等待智能扫描

图 17-27　处理危险项

图 17-28　完成查杀

17.5.5 ▶ 升级病毒库

病毒库可以理解成是一个记录电脑病毒特征与程序段的数据库，有时也将病毒库里的数据称为"病毒特征码"。随着电脑病毒数量的剧增，病毒库需要时刻更新，才能防御升级后的病毒，更新速度甚至以小时来计算。

杀毒软件公司发现新病毒后，便向病毒数据库添加新病毒的有关信息，这使杀毒软件用户能够通过升级病毒数据库识别新病毒。杀毒软件的病毒库一般都会在联网时自动进行更新，升级病毒库可以掌握最新的计算机病毒信息。杀毒软件可以通过将该程序段与病毒

库中的病毒特征进行比较区分该程序，将程序与病毒区分开。

17.6 电脑常见故障处理

在日常使用电脑的过程中，会因为操作不当或者电脑本身原因造成一些故障问题，了解产生这些故障的原因并掌握处理的方法显得尤为重要。下面介绍一些电脑的常见故障及其处理方法。

17.6.1 ▶ 显示器蓝屏的处理

电脑蓝屏是由于Windows操作系统无法从一个系统错误中恢复过来时，为了保护电脑数据文件不被破坏而强制显示的屏幕图像。蓝屏死机提示已经成为令广大用户头疼的标志性画面，大部分是系统崩溃的现象。下面介绍一些常见的引起电脑蓝屏的原因及其解决办法。

（1）错误更新显卡驱动。错误地安装或更新显卡驱动会导致电脑蓝屏。可以通过以下步骤尝试解决：重启电脑，按"F8"键，进入安全模式，在安全模式中删除显卡驱动，然后再次重启，正常进入系统，重新安装或更换显卡驱动。

（2）电脑超频过度。超频过度是导致电脑蓝屏的硬件方面问题。电脑使用时过度超频，将进行超载运算，使CPU过热，从而导致系统运算错误，发生蓝屏。可以通过做好散热措施、更换强力风扇、使用散热材料等解决。

（3）内存条接触不良或内存损坏。内存条接触不良或内存损坏同样会导致电脑蓝屏。遇到这种情形，可以尝试打开电脑机箱，将内存条拔出，进行清理后重新插回，或者直接更换内存条。

（4）硬盘出现故障。电脑硬盘出现问题也会导致电脑蓝屏。如果电脑硬盘出现大量坏道，则应该立刻备份数据并更换硬盘。如果出现坏道数量较少，则也应该及时备份数据，重新格式化分区磁盘。

（5）安装的软件存在不兼容现象。电脑在安装某

些软件后，在使用过程中频繁出现电脑蓝屏的情况，可能是因为软件不兼容。此时，可尝试重装软件或者卸载软件后重启电脑，观察电脑是否可以正常使用。

（6）电脑中病毒。系统文件被电脑病毒感染，造成系统文件损失或错误，也可能造成蓝屏现象的发生。在这种情况下，可以重新启动电脑并进行杀毒操作，建议选用主流的杀毒软件进行查杀。如果遭遇恶意病毒，则最好选择进行系统还原或者重装系统。

（7）电脑温度过高。电脑内部硬件温度过高也可能导致电脑出现蓝屏现象。电脑内部温度过高的硬件主要是CPU、显卡和硬盘等。所以，在遇到电脑出现蓝屏而且电脑内部温度很高时，可以加强主机散热，如加强机箱散热、更换硬盘等。

17.6.2 虚拟内存不足的解决办法

Windows操作系统通常使用虚拟内存对运行时的交换文件进行动态管理，可以在电脑的物理内存不够用时把一部分硬盘空间作为内存使用，可以使电脑运行更多的程序，同时执行更多的任务。在遇到虚拟内存不足的问题时，可以通过手动方式自定义虚拟内存大小，也可以设置成让Windows系统自动分配管理虚拟内存，具体步骤如下。

右键单击"此电脑"，选择"属性"，如图17-29所示。

图 17-29　打开电脑属性面板

在打开的面板中单击"高级系统设置"，如图17-30所示。

在"高级系统设置"界面中，单击"高级"选项框，在下方"性能"中单击"设置"，如图17-31所示。

在弹出的"性能选项"界面中单击"高级"，在下方"虚拟内存"选项卡中单击"更改"，如图17-32所示。

在虚拟内存设置界面，根据自己的需要选择"自动管理所有驱动器的分页文件大小"，这样可以由电脑根据实际内存的使用情况，动态调整虚拟内存的大小；也可以根据物理内存设置"自定义大小"，手动设置的内存大小一般是物理内存的1～2倍，如图17-33所示。

完成以上操作后，重新启动电脑，即可完成设置。

图 17-30　进入"高级系统设置"界面

图 17-31 单击"设置"性能

图 17-32 更改虚拟内存

图 17-33 设置虚拟内存

17.6.3 硬盘空间变小的原因

在整理硬盘空间的时候，经常会发现硬盘变小了，而实际上我们并未使用那么多的硬盘空间。有很多因素会导致这种现象，其中最主要因素的是硬盘坏道和临时文件的储存；除此之外，硬盘分区过大和簇的丢失也会使硬盘空间莫名变小。下面将详细介绍以上因素是如何导致硬盘空间丢失的。

（1）硬盘坏道。硬盘坏道是造成硬盘空间丢失最常见的、也是最为严重的原因之一。需要注意，硬盘坏道是硬盘的物理损伤，具有传染性，如果不及时修复，则坏道会越来越大，甚至殃及整个硬盘，因此，一旦发现电脑硬盘有坏道情况，就要及时进行屏蔽或修复。除此之外，还需要及时对硬盘里的重要的文件数据进行备份、更换其他硬盘备份或者刻录成盘。

（2）分区过大。合理对硬盘进行逻辑分区，不但能够方便对硬盘文件进行分类管理，还能对硬盘空间进行更充分地利用。在硬盘中，文件的存储以簇为单位，即一个文件需要占用一个或多个簇，而簇则是由一个或多个扇区构成。如果一个簇只有一个字节被一个文件占用，那么该簇的其他部分空间即使是空闲的，也不能被别的文使用，这样空间就会被浪费。因此，合理对硬盘分区进行大小划分，直接关系到硬盘空间的使用情况。

（3）临时文件过多。临时文件过多时，也会对硬盘空间造成浪费。在使用电脑的过程中，如果正在运行应用程序时出现错误导致程序非正常退出，或是电脑突

然因断电而关机等，都会使很多TMP类型的文件继续存放在硬盘中。当程序正常退出运行之前，应用程序会将这些文件删除；而非正常退出时，应用程序无法删除它们，需要定期对这些文件进行清理。

（4）簇的丢失。FAT表数据遭到破坏，导致硬盘数据的逻辑连续发生紊乱，从而导致硬盘空间丢失。这种类型的故障一般可以用磁盘修复工具解决。

17.6.4 计算机运行时突然停电的解决办法

在日常生活中，难免不会经历在使用电脑的过程中突然停电或者电源突然断开的情形。在这种情况下，我们应该冷静处理，避免因电脑突然断电导致文件数据丢失。

断电后，应立即断开电源插头，避免突然来电对电脑造成冲击性损害。等待来电后再按照正常程序启动电脑。对于电压不稳或者经常停电的地区，可以使用UPS不间断电源暂时存储的部分电量供电脑做好关机准备。

如果电脑在经历突然断电后出现无法正常开机的问题，则应首先检查显示器和主机线、接头是否接通。如果外接显示器看到系统已经正常启动，那么可以检查键盘上方用于显示屏合上时关闭供电的开关按键是否正常，在两者都正常的前提下，若显示器依然不能显示，或者在系统启动之初，一直是黑屏状态，且无自检声，则可以尝试打开机箱，重新连接硬盘插线，尝试重新启

动。如果以上方法都不能解决，则建议去专业维修店铺进行修理。

17.6.5 用"关闭计算机"不能正常关机的解决办法

在使用电脑的过程中，可能会遇到电脑无法正常关机的情况，此时如果直接拔掉电脑电源则会对电脑造成损坏，甚至会造成电脑内重要数据文件的丢失。下面将列举一些常见的导致电脑不能正常关机的问题并提出解决方法。

对于因操作失误导致错误修改电脑关机配置文件造成的无法正常关机，我们可以通过以下步骤解决：首先，按住键盘的"Win+R"快捷组合键，在电脑的"运行命令"窗口中输入"regedit"命令，然后再单击"确定"，如图17-34所示。

在弹出的"注册表编辑器"窗口中，依次单击文件夹定位到HKEY_LOCAL_MACHINE\SOFTWARE\

Microsoft\Windows\CurrentVersion\Policies\System，单击"System"文件夹，如图17-35所示。

双击右侧的"shutdown without logon"，打开编辑注册表数据对话框，将数据值改为"1"，如图17-36所示。

然后单击"确定"按钮，完成修改，再次关闭电脑即可。

除此之外，部分应用程序没有关闭也有可能导致电脑无法正常关机，例如，在使用IE浏览器时会占用大量资源，如果系统的可用资源不足80%，同时运行其他软件就很容易出错，则可能导致系统无法关机。此时，应检查是否已经把所有应用程序全部关闭，如果没有关闭，则可以在关闭全部应用程序后再次尝试关机。

如果是电脑硬件的原因造成无法关机，则一般是因为主板BIOS不能很好地支持ACPI，这种情况下升级主板的BIOS一般就可以解决。

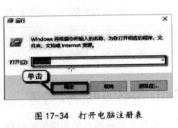

图 17-34　打开电脑注册表

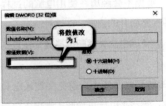

图 17-36　修改注册表数值

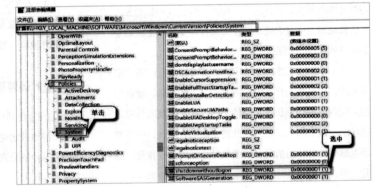

图 17-35　找到指定注册表目录